中国水利教育协会
高等学校水利类专业教学指导委员会　　共同组织

 全国水利行业"十三五"规划教材（普通高等教育）

牧区水利工程学

主　编　史海滨　杨树青

副主编　李玉芳

主　审　郭克贞

中国水利水电出版社
www.waterpub.com.cn
·北京·

内 容 提 要

本书是全国水利行业"十三五"规划教材（普通高等教育），全书共九章，以牧区水利为研究对象，从牧区水利发展的历史和现状以及存在问题、牧区水-草-畜平衡分析、牧区水资源开发利用、草地需水量与灌溉制度、草地灌溉排水技术、草地灌溉节能新技术、牧场供水技术、牧区水土保持技术、灌溉草地效益评价分别进行了阐述，具有显著的区域特色。其研究内容注重学科的交叉和综合，应用研究注重技术的集成和运用。系统地介绍了牧区水利工程规划设计所涉及的基础理论与专业技术。本书尽量满足从事牧区水利工程工作需要的基础知识、基本理论和基本技能的学习和实践要求。使学生具有从事本专业的工程设计、科研的能力和工作必备的理论基础。

本书主要适用于农业水利工程、水利水电工程、水文及水资源及给水排水工程、区域规划等专业的教学参考书，同时也可供同类专业工程技术人员参考。

图书在版编目（CIP）数据

牧区水利工程学 / 史海滨，杨树青主编. -- 北京：
中国水利水电出版社，2019.2
全国水利行业"十三五"规划教材. 普通高等教育
ISBN 978-7-5170-7485-4

Ⅰ. ①牧… Ⅱ. ①史… ②杨… Ⅲ. ①牧区－水利工程－高等学校－教材 Ⅳ. ①S277.7

中国版本图书馆CIP数据核字(2019)第035658号

书　　名	全国水利行业"十三五"规划教材（普通高等教育） **牧区水利工程学** MUQU SHUILI GONGCHENGXUE
作　　者	主　编　史海滨　杨树青 副主编　李玉芳 主　审　郭克贞
出版发行	中国水利水电出版社 （北京市海淀区玉渊潭南路1号D座　100038） 网址：www.waterpub.com.cn E-mail：sales@waterpub.com.cn 电话：(010) 68367658（营销中心）
经　　售	北京科水图书销售中心（零售） 电话：(010) 88383994、63202643、68545874 全国各地新华书店和相关出版物销售网点
排　　版	中国水利水电出版社微机排版中心
印　　刷	北京虎彩文化传播有限公司
规　　格	184mm×260mm　16开本　11.5印张　273千字
版　　次	2019年2月第1版　2019年2月第1次印刷
定　　价	**29.00元**

前　言

　　本书是全国水利行业"十三五"规划教材（普通高等教育）。牧区水利工程学是以牧区水利为研究对象，围绕资源环境和社会经济的可持续发展，开展牧区水利基础研究、牧区水利技术应用研究以及高新技术集成应用研究的综合性课程。该课程是在特定的人文地理区域内产生和发展起来的，具有显著的区域特色。多年来牧区水利工程学得到了长足的发展，其研究内容注重学科的交叉和综合，应用研究注重技术的集成和运用。对牧区的生态建设和社会经济发展具有重大的支撑和促进作用。

　　牧区最为主要的土地资源是草地。草地作为一类陆地生态系统是草本植物群落及与之相适应的土地环境的结合体。它不仅是发展畜牧业生产的重要基地，而且在为人类提供大量动物产品的同时，还具有涵养水源、保持水土、改造土壤、净化空气、改善生态环境等作用，特别是对我国北方干旱半干旱地区，草地生态系统对防治土地沙漠化、保持生态平衡具有重要作用。

　　本书是作者在多年的教学、科研和工程实践中，不断总结、充实编写而成。本书由内蒙古农业大学史海滨、杨树青任主编，石河子大学李玉芳任副主编。

　　本书各章节编写分工如下：第一章、第五章史海滨、闫建文，第二章郑和祥，第三章杨树青，第四章李仙岳，第六章李为萍，第七章李玉芳，第八章徐冰，第九章苗庆丰，全书由史海滨、杨树青统稿。

　　牧区水利工程学是根据灌溉排水工程学以及牧区水利规划设计的需要衍生出的新的实用技术学科，很多实际问题还需要结合牧区实际情况继续总结和探索，加之编者水平有限，书中一定还存在不少缺点甚至错误，恳请读者批评指正。

　　本书在编写过程中，得到了水利部牧区水利科学研究所和内蒙古农业大学水利与土木建筑工程学院有关老师的支持和帮助，得到了许多生产和科研单位相关同行的支持，另外本书引用了大量的资料，在此一并表示感谢。全书由郭克贞主审，他提出了许多宝贵意见，特在此致谢。

作者

2018 年 8 月

目　录

第一章 绪 论

第一节 我国牧区概况

一、牧区范围及分区

全国共有牧区、半牧区县（旗、市）268 个，牧区总面积为 64.89 亿亩。我国草原总面积 58.9 亿亩（含南方草山、草坡），占国土面积的 40%，是全国现有耕地面积的 3 倍。我国与澳大利亚（68.25 亿亩）、俄罗斯（55.8 亿亩）及美国（55.5 亿亩）并称世界四大草地资源大国。我国牧区主要分布于内蒙古、新疆、青海、西藏等边境省（自治区），以及与这些省、区毗连的甘肃、四川、宁夏、吉林等省（自治区）的部分边缘地带；牧区跨越东北、华北、西北及西南的广大地区；北部和西部分别与蒙古、俄罗斯、阿富汗、巴基斯坦、印度等国接壤，国境线长达 9000 余 km，占我国内陆边境线的 2/3，大都属于少数民族聚居区。

我国牧区按草地类型和畜牧业生产状况可分为：东北牧区、内蒙古高原牧区、蒙甘宁牧区、新疆牧区和青藏高原牧区。东北牧区主要分布于东北草原区的大兴安岭山前的内蒙古呼伦贝尔市、通辽市、赤峰市、兴安盟以及松辽流域的黑龙江、吉林、辽宁以及河北承德市所属牧业、半农半牧业县（旗、市、场、团）；内蒙古高原牧区和蒙甘宁牧区主要包括内蒙古自治区中西部的锡林郭勒盟、乌兰察布市、包头市、巴彦淖尔市、鄂尔多斯市、阿拉善盟，河北张家口，山西雁北，陕西榆林地区，宁夏固原地区，甘肃祁连山以东所属的牧业、半农半牧业县（旗、市、场、团）；新疆牧区主要包括新疆维吾尔自治区、新疆生产建设兵团、青海柴达木地区所属的牧业、半农半牧业县（旗、市、场、团）；青藏高原牧区主要包括西藏自治区、青海省、四川省西北部以及甘肃省南部、云南省西北部的牧区半牧区县（市）。

二、我国牧区自然概况

1. 地形地貌

我国牧区地形地貌复杂，以高原、丘陵山地和沙漠为主，其中高原面积约占 58%，丘陵山地约占 23%，沙漠和沙地约占 18.6%。贺兰山以西为巨大的内陆盆地，腹地分布有大面积的沙漠和沙地；以东则为广袤的内蒙古高原和千沟万壑的黄土高原。东北牧区海拔 100～1600m，自西向东从低山丘陵向平原过渡，区内河网较发育，多湖泊、沼泽地，平原区草原植被较好，低山丘陵区沟壑纵横、水土流失严重、植被较差，区内有呼伦贝尔沙地和科尔沁沙地。内蒙古高原牧区海拔 500～2000m，地势南高北低，呈缓坡状起伏，境内河网甚少，多为内陆河，分布有浑善达克沙地、乌珠穆沁沙地、毛乌素沙地和库布其沙漠。蒙甘宁牧区海拔 1000～3500m，地势东南高、西北低，主要地貌单元有阿拉善高原、河西走廊和黄土高原，分布于巴丹吉林、腾格里、乌兰布和沙漠。新疆牧区地形地貌特征可概括为"三山夹两盆"，自南向北分布有昆仑山、天山和阿尔泰山三大山系，中间是塔里木和准噶尔两大盆地，盆地中央分别是塔克拉玛干、古尔班通古特两大沙漠，区域内各大山系现代冰川发育良好，是众多内陆河水系的主要补给源。青藏高原牧区海拔 3000～5000m，高峰大多在 6000m 以上，分布有喜马拉雅山、昆仑山、祁连山等主要山系和柴达木盆地、青海湖等内陆湖泊。境内水系发育，高山峡谷相间，中东部为黄河、长江、雅鲁藏布江三江源区。

2. 气候气象

我国牧区位于欧亚大陆腹地，大部分属干旱半干旱地区，为温带、寒温带大陆性气候，光热资源较丰富、四季温差大、干旱少雨、蒸发强烈、风沙多，自然灾害频繁。牧区多年平均降水量 335mm，相当于全国平均水平的 52%。东北牧区降水量 420mm 以上，内蒙古高原牧区降水量 100～400mm，蒙甘宁牧区降水量 50～300mm，新疆牧区降水量 100～200mm，青藏高原牧区降水量 280～500mm。牧区盆地及沙漠腹地的年降水量一般在 10mm 以下。降水年内分配不均，6—9 月降水量约占全年降水量的 70%，干旱地区达 80% 以上。多年平均蒸发量为 1000～3000mm，多年平均气温 5～14℃，大于等于 10℃ 积温 5000～6500℃。蒙甘宁牧区西北风盛行，平均风速在 3m/s 以上，大风日 155～200d，扬尘、扬沙和沙尘暴时有发生。

3. 土壤

我国牧区土壤主要有森林草原土壤（含黑钙土、黑土、灰钙土）、干草原土壤（含栗钙土、棕钙土、灰钙土）、高寒草原土壤（含黑毡土、冷钙土、寒漠土、冻土）、荒漠草原土壤（含灰漠土、灰棕土、棕漠土）及非地带性的风沙土和盐碱土等。森林草原土壤主要分布在东北牧区，约占牧区总土地面积的 8%；干草原土壤主要分布在蒙甘宁牧区、内蒙古高原牧区的各大山体垂直地带，约占牧区总土地面积的 17%；高寒草原土壤主要分布在青藏高原牧区以及新疆牧区三大山系的上部，约占牧区总面积的 25%；荒漠草原土壤主要分布在蒙甘宁牧区西部、新疆牧区和青藏高原牧区的三大盆地周边，约占牧区总土地面积的 30%；风沙及盐碱土主要分布在风蚀严重的蒙甘宁牧区西部及其他牧区的沙漠周边地区，约占牧区总土地面积的 17%。

4. 河流水系

我国牧区河流、湖泊较多，水资源分布不均。北方水量偏小，南方水低地高，开发利用难度大。牧区水系可分为外流河和内陆河两类水系。外流河水系为松花江和辽河、海滦河、黄河、长江、西南诸河、伊犁河、额尔齐斯河等河流的源头和中上游，水量较充沛，水质良好，流域总面积 189.83 万 km²，占牧区土地面积的 42.90%；多年平均径流量 3989.00 亿 m³，约占牧区多年平均径流总量的 81.00%。内陆河水系包括内蒙古高原、河西走廊、青海、新疆、藏北等五大内陆河水系，流域总面积约 252.53 万 km²，占牧区土地面积的 57.10%；多年平均径流量 936.60 亿 m³，占牧区多年平均径流总量的 19.00%。内陆河多数是季节性河流，流量小，长度多为几十千米到二、三百千米，最长的塔里木河达 2000km。

我国牧区现代冰川集中分布在青藏高原牧区及新疆牧区的高山地区，总面积 5.08 万 km²，年融水量 478.15 亿 m³，占全国冰川年融水量的 74.50%。冰川冰雪融水是牧区河流的重要补给来源。

我国牧区有湖泊 6770 多个，多分布在封闭、半封闭的内陆盆地中，以咸水湖和盐湖

为主，总集水面积约 4.00 万 km²；总蓄水量 6248.27 亿 m³，占全国湖泊总蓄水量的 85%
以上。其中淡水湖蓄水量为 1468.13 亿 m³，占牧区湖泊总蓄水量的 23.50%。

5. 水文地质

我国牧区跨越不同的地貌和地质构造单元，水文地质条件极为复杂，地下水的赋存状
况和开采条件差异较大。

（1）东北牧区。基岩山丘区含水层由裂隙风化带构成，泉水流量一般为 5.3～
14m³/h，矿化度小于 1g/L；高平原区含水层厚度 10～20m，水位埋深小于 10m，单井出
水量 3～25m³/h；河谷平原区含水层厚度 1～40m，水位埋深小于 3m，从上游至下游单井
出水量逐渐增大，一般为 5～100m³/h，矿化度小于 1g/L；嫩江平原区含水层厚度变化较
大，一般为 10～100m，水位埋深小于 2m，单井出水量为 10～50m³/h；西辽河平原含水
层厚度 100m 左右，水位埋深一般小于 2m，单井出水量为 100m³/h 左右。

（2）内蒙古高原牧区。滦河流域和内陆河流域北部山丘区，基岩裂隙水单井出水量
1～10m³/h，矿化度小于 1g/L；高平原区孔隙裂隙水单井出水量 5～50m³/h，矿化度 1～
2g/L；黄河流域中部、南部地下水较丰富，单井出水量 30m³/h 左右，东部、西部水量较
贫乏，单井出水量小于 10m³/h；浑善达克沙地、毛乌素沙地及沙漠边缘地带，地下水较
丰富，单井出水量 10～30m³/h，水位埋深 1～3m，矿化度小于 1g/L；北部库布其沙漠富
水性较差，单井出水量一般小于 10m³/h。

（3）蒙甘宁牧区。内蒙古西部牧区贺兰山山前平原富水性较好，水位埋深 50～65m，
含水层厚度 35～50m，单井出水量 30～80m³/h，矿化度小于 1g/L，其余大部分地区水量
匮乏，单井出水量小于 3m³/h，矿化度较高。甘肃牧区主要为基岩裂隙水，分布不均，单
位涌水量 0.8～200m³/(m·d)，泉流量 1.8～15m³/d。阿克塞的苏干湖盆地、肃北的石
包城盆地地下水较丰富，含水层岩性为砂、砂砾石，水位埋深 150m，单井出水量大于
40m³/h。

（4）新疆牧区。山间盆地和谷地含水层厚度一般为 30～90m，单井出水量 30～
150m³/h，水位埋深随地形而变，山前约 100m，冲洪积扇中部为 30～100m，下游在 3～
5m，水质一般较好。塔里木河中下游冲积平原区，含水层岩性为巨厚的粉砂、细砂层，
单井出水量可达 80m³/h，潜水埋深在近河地段为 1～3m；远离河床为 3～10m，矿化度
1～3g/L；远离河谷，潜水埋深和矿化度逐渐增大，矿化度可高达 10g/L 以上。沙漠边缘
和沙丘间低洼处，潜水埋深 1～4m，试坑出水量 0.01～0.03L/s，矿化度 1～10g/L；沙漠
腹地大部分地区极度贫水。

（5）青藏高原牧区。西藏高原牧区地下水资源的分布与降水量的地区分布一致。藏南
地区地下水补给模数大于 53 万 m³/(a·km²)，藏西北羌塘内陆水系区仅为 0.89～1.4 万
m³/(a·km²)，中部地区处于两者之间。羌塘内陆水系区山间盆地和内陆湖泊星罗棋布，
盆地中普遍分布有第四系冻结层上水，水量一般不大，是人畜饮水的重要水源。青海牧区
诸山间盆地主要分布有第四系松散岩类孔隙水，含水层厚 50～100m，单井出水量 18～
360m³/h，水位埋深 3～100m，部分地区大于 100m，矿化度小于 1.0g/L。盆地中心湖积
平原是地下水的排泄区，潜水矿化度高达几十至数百克/升。河谷潜水含水层岩性为卵砾
石、砂砾石及粉细砂，厚度 5～50m，钻孔单位涌水量最大可达 57.70L/(s·m)。四川及

云南的山丘基岩裂隙水区泉水众多，但富水性较差，泉水流量多在 $0.05\sim1.0L/s$ 之间，其中构造裂隙带和岩溶裂隙水分布区富水性较好，泉水流量分别为 $1.0\sim2.0L/s$ 和 $10L/s$ 左右。河谷、盆地及高平原区，第四系潜水含水层厚 $10\sim295m$，含水层岩性为砂砾石、中细砂、中粗砂等，单孔出水量可达 $20\sim145m^3/h$，水位埋深 $4\sim20m$，水质较好。

三、牧区在我国社会经济发展中的地位

牧区在我国经济社会发展中具有重要的战略地位。草原畜牧业是牧区经济发展的基础产业，是牧民收入的主要来源，是全国畜牧业的重要组成部分。改革开放特别是实施西部大开发战略和"一带一路"倡议以来，牧区生态建设大规模展开，草原畜牧业发展方式逐步转变，牧民生活水平显著提高，牧区发展已经站在新的历史起点上。

1. 从国际国内市场看，对畜产品的需求量加速增长，市场供不应求

从饮食结构看，牛羊肉类所占比例越来越大，需求量逐年上升。畜产品市场总需求量大于总供给的状况将长期存在，畜牧业的发展前景非常广阔。草原畜牧业提供单位畜产品所需要的物化劳动和劳动量都明显少于农区畜牧业。值得一提的是畜产品具有低成本、高产出、无污染的特点，被国际上称作"绿色食品"，备受青睐，是人类食品向高标准、低污染、营养平衡方向发展的必然选择。随着我国经济的发展，人民生活水平的提高，也将很快面临"绿色食品"的供需矛盾。

2. 广阔草原是我国重要的生态屏障

我国牧区的草原从青藏高原往北沿祁连山、天山、阿尔泰山、贺兰山、阴山至大兴安岭西部，绵延 4500 多 km，形成了一条绿色的自然保护带。地处长江、黄河上游或发源地的草原，不仅直接影响两水系以及下游水域的生态环境，而且在防风固沙、保持水土、净化空气、调节气候等方面都起着极其重要的作用。内蒙古高原、黄土高原以及青藏高原的草原植被状况如何，对于东北平原、华北平原、黄淮海平原和长江、黄河流域地表水、地下水资源的丰歉，以及风、旱、涝水土流失等灾害发生，都有着极为重要的影响。如果没有草原这道天然屏障，我国人民的生存环境是不可想象的。

3. 草原畜牧业的发展关系到我国北方少数民族地区的经济繁荣和社会进步，并对边疆稳定和国家统一具有重大意义

我国牧区的少数民族人口占牧业人口的 3/4，草原畜牧业是蒙、藏、哈萨克、维吾尔等十几个少数民族世代经营、赖以生存和发展的基础产业。历史上，草原畜牧业的兴衰与这些民族的兴衰相关。今天，草原畜牧业的发展仍然关系到各民族的团结、进步和共同繁荣。同时，我国牧区大多地处"三北"边陲，与 9 个国家接壤，边境线长达 14000 多 km，边疆少数民族又多与国外同一民族相邻而居，彼此有着相似或相同的生产特点、风俗习惯和宗教信仰，有着亲友往来和经济文化交流的传统。因此，牧业经济的发展，牧区的繁荣与稳定，可以提高我国的政治影响，显示社会主义制度的优越性，是巩固边防、维护祖国统一的重要保证。由此可见，重视牧区发展，使边疆少数民族尽快富裕起来，不仅是一个重要的经济战略问题，而且也是一个关系到我国长治久安的重大政治问题。

四、牧区草地存在的主要生态问题

1. 草地退化严重，鼠害草地面积呈不断扩大趋势

我国有 84.4% 的草地分布在西部，面积约为 3.31 亿 hm^2。由于不合理的利用，草原

生态系统遭到严重破坏。据农业部统计，全国草原鼠害发生面积由 1996 年 4.64 亿亩增加到 2001 年 6.92 亿亩，占草原总面积的 11.8%，增幅近 50%；其中严重发生面积由 1996 年的 2.82 亿亩快速增加到 2001 年的 4.08 亿亩，约占草原总面积的 7%，增幅达 45%。2002 年全国草原鼠害成灾面积比近 10 年来的成灾面积平均数高出了 28%，鼠害分布范围已遍及青海、甘肃、宁夏、新疆、西藏、四川、内蒙古等 13 个省（自治区）。

2. 草地质量持续下降，草地生态承载力降低，草地超载现象越来越严重

我国草地在总面积减少的同时，草地质量也在不断下降。主要表现在草地等级下降、优良牧草的组成比例和生物产量减少、不可食草和毒草比例和数量增加等方面。由于草地质量不断下降，大多数地区的草地承载力也持续下降，如内蒙古、新疆、甘肃的草地承载力显著下降；而草地负载的牲畜数量不仅没有相应下降，反而增加了。各地区草地超载情况越来越严重，其中新疆、内蒙古和宁夏的超载率较高，分别达 184%、165% 和 172%。

3. 草地生态功能下降，沙化草地已成为重要的沙尘源区

草地不但具有重要的经济价值，还具有极其重要的生态调节与保护功能。但长期以来，草地的生态功能及综合价值未受到应有的重视，部分地区把天然草地当作宜农荒地开垦，致使草地面积不断减少。根据遥感数据显示，20 世纪 90 年代的后 5 年，西部地区所减少草地的 54.86% 转化为耕地，29.80% 转化为未利用土地；再加上过牧、樵采、过垦、滥挖屡禁不止，致使该地区草地植被破坏严重，草地的生态屏障作用日渐降低，成为重要的沙尘源区。

第二节　牧区草地灌溉及其发展趋势

一、牧区草地灌溉发展现状

牧草对水分的需求量一般高于旱地种植的谷类作物，每生产 1g 干物质约需耗水 0.6～0.7kg。草地灌溉对提高牧草的产量和质量，改善草地小气候、增加地面覆盖，防止水土流失和土地沙漠化，具有重要意义。

1. 国外草地灌溉发展现状

澳大利亚、英国、美国和俄罗斯是草地灌溉发展较快的国家。澳大利亚以地面灌溉为主；美国的人工草场多采用喷灌系统，天然草场灌溉设施较少；俄罗斯草地灌区广泛采用拦蓄地面径流和春季融雪水的方法进行漫灌。根据草原所处的自然条件及社会条件的不同，灌溉的主要方式有修建系统性草地灌溉工程、引洪灌溉和蓄水灌溉。

2. 国内草地灌溉发展现状

中华人民共和国成立前，我国的草地畜牧业生产仍然沿袭"逐水草而居"的原始的游牧畜牧业，中华人民共和国成立以来，牧区水利从无到有逐步发展，其中 20 世纪 80 年代之前主要集中于解决人畜饮水和开辟缺水草场，使我国的草地畜牧业逐渐摆脱了"逐水草而居"的游牧畜牧业。20 世纪 60—80 年代，各地在解决人畜饮水的同时，兴建草原灌溉工程，发展草原灌溉。到 2010 年，在内蒙古、新疆、青海、甘肃、四川、西藏实施牧区水利示范项目 415 项，建成牧区节水灌溉饲草料地 104 万亩。

从 2001—2010 年，在水利部示范项目的引导下，内蒙古自治区组织实施"四个千万

亩工程"计划到 2020 年，使全区饲草地节水灌溉面积达到 1000 万亩；新疆维吾尔自治区启动"富民兴牧"工程，在牧区组织兴建 26 座水库，发展饲草料地灌溉，促进牧民定居和草原生态修复。其他省区也因地制宜，极大地发展草原灌溉。

二、牧区草地灌溉发展趋势

1. 高新技术集成应用

随着计算机网络技术、数据库技术、通信技术、自动化控制技术、监测技术、GIS 和遥感技术等信息技术的飞速发展，传统牧区草地灌溉与高新技术的有机集成与应用，将引导牧区草地灌溉未来实现跨越式发展，并为牧区水利研究、建设、管理与决策等方面提供全面的技术支撑，将成为牧区水利未来发展的最大亮点。诸如自动化灌溉控制系统是将计算机技术、传感与监测技术以及通信技术结合起来，能够监测土壤墒情、环境特征，并依据监测结果来确定灌溉水量与灌溉时间，摆脱了传统的凭经验灌溉的粗放模式。并且将灌溉节水技术、农作物栽培技术及节水灌溉工程的运行管理技术有机结合。通过计算机通用化和模块化的设计程序，构筑供水流量、压力、土壤水分、作物生长信息、气象资料的自动监测控制系统，能够进行水、土环境因子的模拟优化，实现灌溉节水、作物生理、土壤湿度等技术控制指标的逼近控制，从而将农业高效节水理论研究提高到新的现实应用水平。

2. 新能源开发利用

新能源开发利用主要包括风力发电、风力提水、太阳能发电、太阳能提水。主要开展牧区户用离网型风力发电关键技术与新型风力提水机组的应用技术研究。目前国内对风力提水机组的研究，也由过去的纯机械式的风力直接提水变为风力发电提水，并且集中在对风轮、动力传输、发电机、控制系统，以及调向机构、调速机构和停车机构等各组成部分的研究上。在机械式的风力提水装置方面，为解决风轮与活塞泵在宽风速范围的高效匹配问题，开展了变行程风力提水技术研究，提出了风轮与活塞泵最佳匹配时行程随风速变化的关系式，研究了变行程提水机组的工作特性，对改善风力提水机组的工作特性有明显效果。

三、牧区草地灌溉的可行性

1. 牧区水资源开发利用水平较低，具有较大开发利用潜力

牧区地处内陆，水汽来量有限，但蒸腾蒸发强烈，降水资源仅 1/3 形成资源量。其中地表水平均径流量为 4650 亿 m^3，75%降雨频率下的年地表水径流量为 3690 亿 m^3。牧区地下水多年平均总补给量为 1500 万 m^3，可开发利用量为 1470 亿 m^3，占水资源总量的27.7%。目前，牧区水资源利用量为 346 亿 m^3，仅占牧区水资源总量的 6.5%，是开发利用量的 23.5%。其中地表水利用量仅占 75%降雨频率下水资源量的 6.88%，地下水实际开采量仅占可开采利用量的 22.12%。据"内蒙古牧区水资源研究报告"，牧区 32 个牧业旗（县），圈定远景水资源开发靶区 83 个，水资源开发利用量 28 亿 m^3，而目前的开采量尚不足可开发利用量的 30%。可见牧区水资源虽开发利用难度较高，但仍有很大潜力。

2. 我国草地的潜在生产力较高，具有较好的开发利用前景

草地潜在生产力是指草原在一定植被类型和自然条件下，可能实现的最大生产。我国各地在草地改良与生态建设中，也取得了显著效果。如科尔沁草原，灌溉天然草地综合改

良，干草产量达到 3720～14190kg/hm²；乌兰察布草原灌溉人工草地，干草产量达1520～19260kg/hm²；阿拉善草原灌溉人工草地，干草产量 1250～21900kg/hm²；鄂尔多斯草原灌溉草库伦，干草产量 9750～19860kg/hm²；河北坝上草原引洪淤灌天然草地，干草产量达 6100kg/hm²；柴达木环湖草原灌溉人工草地，干草产量达 3860～14890kg/hm²。由此可知，我国草原的潜在生产力巨大，而现状生产力干草仅为 650kg/hm²。可见，只要依靠科学与技术，适度增加投入，我国草地畜牧业将有极大发展空间。

3. 草地节水灌溉科学技术的发展能够保障牧区水利的健康发展

我国草原灌溉科学研究起步于 20 世纪 70 年代，在我国北方草原完成了大量人工牧草及天然草地灌溉试验研究任务。广大科技工作者紧密联系牧区实际，先后研究解决了主要人工牧草和天然草场的经济灌溉定额、关键灌水期、缺水损失函数、牧草水分生理抗性、优化灌溉制度、经济耗水量、非充分灌溉和抗旱灌溉等节水灌溉技术措施。

近 10 多年来，水利部牧区水利科学研究所在总结我国多年灌溉试验研究成果的基础上，先后编著出版了《草原灌溉》《中国牧区水利可持续发展战略》《草原节水灌溉理论与实践》《牧区生态水利理论与技术探索》《草地 SPAC 水分运移消耗与高效利用技术》等科技专著，从理论上深化了这一时期的科技成果，形成了较为完备的草原节水灌溉基础理论技术体系。

4. 节水灌溉社会意识的形成为牧区水利的发展奠定了基础

中央政府明确要求"要大力推行节水灌溉技术"。我国牧区水资源严重匮乏，加之地区间分布的不均衡，部分地区水资源奇缺。从水资源开发利用情况而言，灌溉用水量为301 亿 m³，占牧区水资源开发利用量的 87.1%，高于全国平均水平。单位灌溉用水量高达 9600m³/hm²，节水潜力巨大。

就我国草原现状而言，全国因饲草不足导致草原过度利用，引发严重的退化沙化。特别是局部水资源的过度利用，造成草原大面积荒芜，如河西走廊的黑河、石羊河、疏勒河及塔里木河地区。据内蒙古农业大学研究成果，典型草原地区地下水位降到 1.7m 以下，草场即发生急速退化。即使是梭梭、胡杨等耐旱荒漠植被，随着地下水位的下降，也将枯萎。严酷的自然条件，使广大牧民较早认识到了节水灌溉的重要性，并付诸行动，以内蒙古灌溉草库伦而言，在起步初期就将节水节能技术与综合高产技术应用于饲草料生产，取得了较好的节水效果和经济社会效益。目前实施的牧区节水示范项目则使更多牧民认识了草地节水灌溉的重要性。

第三节 牧区灌溉草地发展模式

根据发展规模与管理方式，牧区灌溉草地发展模式一般分为三类，即家庭草库伦、牧户联户和公司规模化集约化发展模式。根据灌溉引水方式分为常规灌溉和非常规灌溉发展模式。常规灌溉发展模式与农田灌溉相同，主要包括渠道灌溉、低压管道灌溉、喷灌、滴（微）灌等。非常规灌溉发展模式因灌溉水源和引水方式不同主要有自压灌溉草地发展模式、太阳能风能提水灌溉草地发展模式、山前自流引水衬砌渠道排管出流天然草地灌溉模式、天然草场引洪淤灌发展模式等。

一、家庭草库伦发展模式

1. 模式构成

该模式主要在地下水埋深较浅的沙质草场或居住相对分散、地下水出水量较少的高平原地区，以户为单位，在自家承包的草场内，选择水土资源条件相对较好的地区，进行小面积灌溉草地建设。模式主要包括水源工程、节水灌溉工程、围栏和防护林工程、饲草料综合栽培技术、配套管理技术等。其中，灌溉水源多为地下水，节水灌溉工程多为低压管道灌溉或小型移动式、半固定式喷灌。

2. 技术要点

该模式灌溉面积以 20～50 亩为宜，防风林带、优质人工牧草、青贮饲料、精饲料作物、蔬菜等种植比例一般为 1:6:4:4:1。防风林带宜乔木与灌木结合，一乔二灌或二乔二灌，宜高矮结合，形成疏透结构，林带间距取当地成年乔木的 20～25 倍。优质人工牧草应选择紫花苜蓿、沙打旺或披碱草、老芒麦、燕麦等，播种量 1～2kg/亩，播深 2～4cm。青贮饲料作物应选用专用青贮玉米、贮饲兼用玉米。精饲料作物应选用饲用玉米。

灌溉草地采用单个牧户户建、户管、户用，灌溉管理宜采用非充分灌溉技术，在灌好播前水的基础上，视降水情况，豆科牧草须灌好分枝水、开花水；禾本科牧草或饲料作物应灌好拔节水、抽穗水、灌浆水。

3. 适用条件

该模式适用于地下水埋深不超过 20m 的沙质草地，或地下水位埋深小于 20m 的高平原干旱半干旱草场。牧民居住极度分散，草畜矛盾尖锐，草原沙化退化严重的地区。土壤以沙壤土、壤沙土、壤土为宜。

二、牧户联户发展模式

1. 模式构成

该模式主要包括水源工程、节水灌溉工程、农艺节水措施、管理节水措施、饲草料综合高产栽培技术、电力配套工程、草地围栏和防护林带、田间道路等。水源多为地下水，主要节水灌溉工程形式为渠道衬砌灌溉、低压管道灌溉、半固定喷灌、大型时针式喷灌。灌溉管理上采用非充分灌溉技术，并结合应用先进的农艺、草业栽培技术。

2. 技术要点

灌溉面积一般在 200～3000 亩，户均 20～50 亩。人工牧草与青贮饲料种植比例 4:6。光照条件较好的地区，精饲料种植比例应控制在 30% 以内；光照条件不足或劳动力匮乏的地区，也可全部种植多年生优质人工牧草。

3. 适用条件

该模式适用于具有一定的地表水资源条件或地下水资源丰富，具备相对集中开采条件的地区。由多户牧民自发联合，或由乡、村行政组织协调多户牧户牧民，选择水土资源条件较好的草地，进行灌溉饲草料地集中开发建设。

三、公司规模化集约化发展模式

1. 模式构成

该模式主要包括水源工程、节水灌溉工程、农艺节水措施、管理节水措施、饲草料综合高产栽培技术、电力配套工程、草地围栏和防护林带、田间道路等。水源工程可开发利用地下水，也可采用有坝、无坝引取地表水作为灌溉水源。在取用地表水时，视水质情况设置必要的沉淀过滤设施。主要节水灌溉工程形式为大型时针式喷灌、卷盘喷灌。如采用地表水灌溉时也可采用渠道衬砌节水灌溉形式。灌溉管理上采用非充分灌溉技术，并结合应用先进的农艺、草业栽培技术。

2. 技术要点

灌溉面积一般在 3000 亩以上，人工牧草与青贮饲料的种植比例为 4:6。在一些热量条件不足或人力资源匮乏的地区，也可全部种植多年生优质人工牧草。防风林带宜乔灌结合，二乔二灌或三乔二灌，宜高矮结合，形成疏透结构，林带间距取当地成年乔木的 20～25 倍。围栏高 1.5～2.0m，田间生产道路间距 200～500m，宽 3～6m。

3. 适用条件

利用地表水时，宜选择水源稳定，且水质状况较好的地区。利用地下水时，单井出水量宜大于 50m³/h，在单井储水量不足 50m³/h 的地区，应采用多井汇流技术，进行机泵配套时需配套变频控制系统。

四、自压灌溉草地发展模式

1. 模式构成

该模式主要包括山区河道地表水拦截工程（水库）或自留自压需水工程（蓄水池）、管道输水工程和调压减压工程、节水灌溉工程和节水灌溉管理技术以及与之相配套的灌溉草地综合高产栽培技术、围栏和防护林建设工程等。

2. 技术要点

灌溉规模一般在 1000 亩以上，水源水位相对高差不应大于 10m，输水距离应在 20km之内。灌溉草地地面高程与水源水位高程在 30m 以上，土层厚度 40cm 以上。

3. 适用条件

该模式适用于有稳定水源，能形成自流自压的高平原地区，且山前较平坦，具有发展集约化灌溉草地的土地资源，输水距离小于 30km 的地区。这种地区土质应较肥沃，土层厚度在 40cm 以上，具有相对丰富的劳动力资源，可满足集约化饲草料生产需要。

五、太阳能、风能提水灌溉发展模式

1. 模式构成

该模式主要包括太阳能或风能发电装置，直流逆变及功率跟踪装置，输水及蓄水池工程，灌溉工程，发电、提水及灌溉控制系统以及与之相配套的人工饲草料种植技术，管理节水技术等。

2. 技术要点

灌溉草地面积一般为 5～20 亩，地下水位埋深应小于 20m，动水位应在 30m 之内，风力或太阳能提水站周围应没有遮阳或阻风障碍物。为提高灌溉保证率，需配套建设一定容积的蓄水池，蓄水池容积应与灌溉控制面积相适应，一般应在 50～100m³ 之间，蓄水池容积增大虽可提高灌溉保证率，但相应的投资增加较多。系统管理人员应进行专门的技术培训，大型的太阳能风能提水灌溉系统应设置专门管理人员。灌溉工程应以高标准节水灌溉为宜。

3. 适用条件

该模式适用于具有丰富太阳能或风能资源，水资源、劳动力、电力资源相对较差地区。太阳能提水灌溉，年日照小时数应大于 2800h，年太阳能辐射总量应大于 5000 MJ/cm²，最大连续无光照时间不大于 72h。风力提水灌溉，年平均风速 3.5m/s，有效风能密度储量 40W/m²；年有效风速时间大于 3000h，最大连续无有效风速时数小于 100h，30 年一遇最大风速小于 40m/s；盛行风向的风频应大于 40%，次盛行风向的风频应小于 25%，盛行风向比较稳定。

六、山前自流引水衬砌渠道排管出流天然草地灌溉发展模式

1. 模式构成

该模式一般由乡、村行政统一组织进行建设、管理，或由乡、村组织出面协调多户牧民组织用水协会，在山前选择坡度较缓，且坡向较为均一的天然草地，在山间天然河道上建坝引水或采用无坝引水方式，经衬砌渠道或管道引地表水到山前天然草地发展草地灌溉。主要包括出山口地表水资源截引工程、渠道衬砌工程、天然草场改良技术措施和草地围栏工程等。

2. 技术要点

天然草场需坡度均匀，坡度一般应大于 1/200。衬砌渠道一般采用矩形或梯形混凝土断面，灌溉渠道间距不应大于 500m，配水渠道间距一般在 200～500m 之间，并沿等高线布置。灌水方式采取在距渠堤顶部 20～30cm 处安装一排 PVC 或 PE 出水管，将水引入渠旁的天然草场内进行连续性的小管径出流顺坡漫灌。PVC 或 PE 管安装间距依天然草场坡度而定，间距一般控制在 5～10m 之间。为减轻天然草场地面冲蚀，在小管出水口处设置直径 30～50cm，深 20cm 的卵碎石防冲坑，出流防冲坑卵碎石应级配合理，以不被水流冲走为宜。天然草场土层厚度不小于 30cm，植被盖度应在 50% 以上。为大幅度提高天然草场产量，达到节水增产目的，应结合进行天然草场综合改良。一般采取补播优良牧草、切根松耙、施肥（农家肥或化肥）以及节水管理技术措施，补播优良牧草应以当地优质草种为宜，禾、豆、菊科混播，播种量 1～2kg/亩。

3. 适用条件

该模式适用于具有较好的自流引水条件，且地表水资源较为丰富、天然草场坡度均匀性好、土壤与植被盖度较好地区。距引水点距离较近，一般不应大于 10km。

七、天然草场引洪淤灌发展模式

1. 模式构成

该模式主要包括河道引洪运洪工程、渠道衬砌工程、天然草场改良技术以及管理技术措施等。

2. 技术要点

引水距离一般不大于 20km。河道具有较好的取引水条件，地表水资源较为丰富，且泥沙含量较高，水质富含有机质。坡度均匀，土层厚度在 20cm 以上，原生植被具有较高的潜在生产力。工程建成后需由专门的运行管理机构进行工程管理。

3. 适用条件

该模式一般工程规模较大，灌溉控制面积相对较多，主要适用于多泥沙河道的二级阶地以及河漫滩，具有大面积开阔平坦的天然草场，且退化沙化较为严重，草场盖度不足30％的地区。

第四节　课程内容及目标

"牧区水利工程学"是农业水利工程专业的基础课程之一，其包含灌溉排水、水土保持、工程经济等多个学科的内容。本书尽量满足农业水利工程专业对所需的基础知识、基本理论和基本技能的学习实践要求。同时根据牧区现代化和可持续发展的需要，以水利工程设计规划为主线，阐述了牧区水草畜平衡分析、牧区水资源开发利用、草地需水量与灌溉制度、草地灌溉排水技术、草地灌溉节能新技术、牧场供水技术、牧区水土保持技术、灌溉草地效益评价等内容，系统地介绍牧区水利工程规划设计中所涉及的内容。学生通过本课程的学习，可掌握牧区的水资源和草蓄的平衡分析的方法，掌握草地需水量和灌溉制度的制定，掌握适合于牧区草地灌溉的不同灌溉方式的水源、管网布设、轮灌制度、水力计算等过程的原理与设计过程，掌握牧区牧场人畜饮水工程和供水工程的设计步骤，了解牧区水土保持措施和工程设计的基本过程，系统地了解灌溉草地经济、国民经济、社会效益的评价体系和过程。并在部分章节中介绍了国内外先进的新技术和新成果，以增强学生的知识面和创新意识。使学生具有从事本专业的工程设计、科研能力和工作必备的理论基础。

第二章 牧区水-草-畜平衡分析

第一节 牧区水资源特点及评价

一、牧区水资源特点

1. 牧区水资源概述

牧区水资源最显著的特点是在地域和季节上分布不平衡。我国牧区多年平均水资源总量为 4881.6 亿 m^3，其中地表水资源量为 4659.6 亿 m^3，占牧区水资源总量的 95.5%；地下水资源量为 1791.1 亿 m^3，与地表水不重复的地下水资源量为 222.0 亿 m^3，占牧区水资源总量的 4.5%。牧区河流、湖泊的具体情况见绪论。

2. 牧区水资源分布特征

从水资源空间分布来看，东北牧区、内蒙古高原牧区、蒙甘宁牧区和新疆牧区 4 个分区占牧区总面积 55.6%，而水资源总量仅占全国牧区水资源总量的 21.8%；青藏高原牧区和川滇牧区占牧区总面积 44.4%，而水资源总量却占牧区水资源总量的 78.2%，由此可见，牧区水资源量空间分布不均匀，水土资源不匹配问题较为突出。

从产水模数分析，云南、四川等地产水模数最大，可达 50 万 m^3/km^2 左右，而位于蒙甘宁牧区的内蒙古自治区阿拉善、宁夏回族自治区却仅有 0.1 万 m^3/km^2 和 0.6 万 m^3/km^2，与云南、四川相差 100~500 倍，各地区产水模数相差悬殊，水资源分布不均匀。

从人均水资源量来看，西藏地区人口较少，水资源量较多，人均水资源量最大为 12.3 万 $m^3/$人，宁夏地区最小为 112$m^3/$人；内蒙古自治区和新疆维吾尔自治区人均水资源量为 2964$m^3/$人和 8907$m^3/$人，低于牧区平均水平 9957$m^3/$人。

综上所述，牧区水资源空间分布极不均匀，青藏高原牧区水资源最丰富，水资源总量为 3817.9 亿 m^3；蒙甘宁牧区水资源最少，水资源总量为 50.9 亿 m^3，二者相差竟达 74 倍。

二、地表水资源评价

地表水资源量是指有经济价值又有长期补给保证的重力地表水。一般情况下：

$$W_s = P - R - E - V \tag{2-1}$$

式中　W_s——地表水量，mm；

　　　P——降水量，mm；

　　　R——径流量，mm；

　　　E——蒸发量，mm；

　　　V——渗漏量，mm。

1. 降水量

降水量的分析与计算主要包括：多年平均年降水量及降水量变差系数等值线图的绘制；降水量的年际变化，区域不同频率代表年的年降水量；降水量的年内变化，多年平均及不同频率代表年的年内分配过程。

（1）降水量参数等值线图的绘制。分析代表站的选取，选择资料质量好、实测年限较长、面上分布均匀和不同高程的测站。降水资料主要来源于《水文年鉴》《水文图集》《水文资料》和《水文特征值统计》等。

（2）年降水量统计参数的分析计算。其统计参数主要包括多年平均年降水量、年降水量变差系数和年降水量偏态系数。年降水量变差系数值反映系列各值相对于系列均值的离散程度，即可反映河川径流在多年中的变化情况。在我国，南方流域的年降水量变差系数值小于北方流域；大流域的年降水量变差系数值小于小流域。年降水量偏态系数值反映系列各值在均值两边的对称程度，它大约是年降水量变差系数值的2～3倍。

（3）降水量统计参数等值线图的绘制。将各测站年降水量统计参数（年降水量变差系数和偏态系数）分别标注在带有地形等高线的工作底图的站址处。了解本地区降水成因、分布趋势及其量级变化。按"主要站为控制、一般站为依据、参考站作参考"的原则勾绘等值线图。

（4）等值线图的合理性分析。绘制的等值线图应符合自然地理因素对降水量影响的一般规律。其一般规律如：靠近水汽来源的地区年降水量大于远离水汽来源的地区；山区降水量大于平原区；迎风坡降水量大于背风坡；高山背后的平原、谷地降水量一般较小；降水量大的地区值相对较小。检查绘制的等值线图与邻近地区的等值线是否衔接。检查绘制的等值线图与陆面蒸发量和年径流深等值线图之间是否符合水量平衡原则。

（5）区域多年平均及不同频率年降水量计算。①区域降水量系列直接计算法：根据实测年数据资料，采用算术平均或面积加权平均法计算，得到历年区域年降水量系列。对该系列进行频率计算，即可求取区域多年平均的年降水量及不同频率的区域年降水量。②降水量等值线图法：当区域面积较小时，适用该方法，反之采用频率计算方法。区域年降水量的年内分配包括：多年平均连续最大4个月降水量占多年平均降水量的百分率及其出现时间；连续最大4个月降水量占年平均降水量的百分率等值线及其出现月份分区图。

2. 径流量

（1）径流资料的统计处理。主要内容包括径流还原计算、统计特征值计算、径流资料的插补延长。多年平均径流深及年径流变差系数等值线图的绘制，重点是等值线图的合理性检查。

（2）河川径流量的分析计算。

1）代表站法。基本思路为：选取代表站，并计算代表站逐年及多年平均年径流量和不同频率的年径流量，然后根据径流形成条件的相似性，把代表站的计算成果按面积比或综合修正的方法推广到整个研究范围，从而推算区域多年平均及不同频率的年径流量。

2）年降雨径流相关图法。选取具有实测降水径流资料的代表站，由区域实测平均降水量，在代表站年降水径流关系图上查得逐年区域年径流量，进行频率计算，即可得到不同频率的区域年径流量。

（3）河川径流量的年内分配。通常采用月径流量多年平均值与年径流量多年平均值之比值的柱状图或过程线的年内分配表示多年平均月径流过程。多年平均连续最大 4 个月径流百分率即连续最大 4 个月的径流总量占多年平均径流量的百分数。枯水期径流百分率即枯水期径流量与年径流量的比值的百分数。

3. 蒸发量

（1）水面蒸发。水面蒸发器折算系数：水面蒸发器折算系数是指天然大水面蒸发量与某种型号水面蒸发器同期实测蒸发量的比值。折算系数有以下特点：①折算系数随时间而变，一般是秋高春低；②有一定的地区分布特点，在我国一般从东南沿海向内陆呈递减趋势。

（2）陆面蒸发。陆面蒸发又称流域蒸发，是指特定区域天然情况下的实际总蒸散发量。它等于地表水体蒸发、土壤蒸发、植物散发量的总和。

（3）干旱指数与旱涝分析。干旱指数是反映气候干旱程度的指标，通常定义为年蒸发能力与年降水量的比值。

旱涝分析：我国常采用湿润度与蒸散度比值法反映旱涝标准。

$$\beta = \frac{P - \overline{P}}{\sigma} \tag{2-2}$$

式中　β——旱涝指数；

　　　P——某年某一时段的降水量；

　　　$\overline{P}$——累年同时段降水量；

　　　σ——标准差。

当 $\beta < -2$ 时为大旱；$-2 < \beta < -1$ 时为旱；$-1 < \beta < 1$ 时为正常。

4. 牧区地表水资源量

全国牧区地表水资源量为 4659.6 亿 m^3，其中，东北牧区地表水资源量为 268.8 亿 m^3，主要集中在内蒙古东部牧区；内蒙古高原牧区地表水资源量为 44.1 亿 m^3；蒙甘宁牧区地表水资源量为 44.2 亿 m^3，主要分布在甘肃；新疆牧区地表水潜力亦较大，为 498.69 亿 m^3，主要集中在北疆的额尔齐斯河、伊犁河、额敏河流域，南疆已无开发潜力；青藏高原牧区地表水资源量为 3803.8 亿 m^3，主要集中在西藏和四川。

三、地下水资源评价

1. 地下水资源评价方法

地下水资源评价主要采用水均衡法和数值模拟法。

（1）水均衡法。地下水资源量的评价原理主要是水均衡法，即：总排泄量＝总补给量。总排泄量为河川基流量、河床潜流量、山前侧向补给量、未计入河川径流量的山前泉水出露总量、潜水蒸发量和浅层地下水实际开采量的净消耗量之和。总补给量为降水渗入、地表水渗入、地下水侧向流入和垂向越流，以及各种人工补给。

水均衡法的原理是质量和能量守恒定律，原理简单、方法灵活、计算简便，适用的空间范围广，是集计算和论证于一体的方法，目前仍是地下水可持续开采量评价的最主要方法之一。

为实现地下水可持续开采量评价，Brown L J 将水均衡法与地下水同位素法结合，提高了可持续开采资源量可更新能力评价的精度，Hugo A L aiciga 基于水平衡法和费用–效益分析法建立地下水系统的优化模型，较好地解决了可持续开采量在经济、制度等方面的约束。另外，水均衡法同样也是评价依赖于地下水生态系统（groundwater dependent eco-system）需水量的基本方法，但其评价精度不高。然而，均衡并不等于平衡，目前水均衡法在可持续性评价中存在的最大问题是随着人类活动影响的增大，地下水系统的天然平衡早已被打破，即使用多年水均衡分析也难以找到一个多年的平衡期，而我们在评价时往往忽视了地下水系统的演变过程和平衡状态分析。因此，Sophocleous 及 Frans 等提出依据Theis（1940）的动态平衡原理，确定地下水系统新的平衡点。图 2-1 中的曲线表示在地下水开发过程中，开采量由依赖于储存量（曲线的左侧）转化为依赖于地表水损耗（曲线的右侧）的过程。

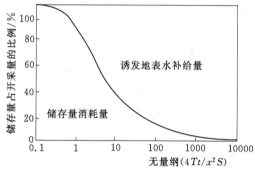

图 2-1　储存量与补给量的转换关系曲线

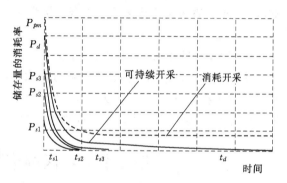

图 2-2　可持续开采与消耗开采的储存量消耗率

图 2-2 为在定流量开采条件下储存量消耗率随时间的变化曲线，在开采量小于最大开采量（P_d）的情况下，储存量消耗率最终为零，表明地下水系统的流入量与流出量可以平衡，这时的开采量是可持续的。P_d 代表地下水系统的最大可持续开采量，P_{s1}、P_{s2} 和 P_{s3} 也是地下水系统的可持续开采量，P_{pm} 是地下水系统的非可持续开采量。另一方面，在小于最大可持续开采量的条件下，系统达到新平衡的时间 t_s 小于 t_d，它的长短依赖于系统的流出量和开采量。

由此可见：图 2-1 中储存量占开采量的比例为零的时刻或图 2-2 中储存量消耗率为零的时刻（t_{s1}、t_{s2}、t_{s3} 和 t_d）是实现地下水资源可持续开采的必要前提，应用 Theis 的动态平衡原理重新审视并指导可持续开采量的评价势在必行。

（2）数值模拟法。从 20 世纪 70 年代后期开始，地下水数值模拟已逐渐成为各国地下水资源评价与管理的主要方法之一。Visual MODFLOW 是目前国际上最为流行的模拟地下水流动和污染物迁移等特性的标准可视化专业软件包。MODFLOW 用来模拟的含水层一维、二维和三维模型系统，它可以模拟潜水、承压水和隔水层中的稳定流与瞬变流的情况以及许多影响因素和水文过程，如河流、溪流、排水沟、泉水、水库、作物蒸散量、降雨和灌溉入渗补给等。MODFLOW 模型基础是一个三维有限差分地下水流动模型，它基于以下基本方程：

$$\frac{\partial}{\partial x}\left[K_{xx}\frac{\partial h}{\partial x}\right]+\frac{\partial}{\partial y}\left[K_{yy}\frac{\partial h}{\partial y}\right]+\frac{\partial}{\partial z}\left[K_{zz}\frac{\partial h}{\partial z}\right]-W=S_s\frac{\partial h}{\partial t} \tag{2-3}$$

式中　K_{xx}、K_{yy}、K_{zz}——x、y、z 坐标轴方向的水力传导率，$[LT^{-1}]$；

　　　　　h——水头，$[L]$；

　　　　　W——在非平衡状态下通过均质、各向同性土壤介质单位体积的流量，表示地下水的源和汇，$[T^{-1}]$；

　　　　　S_s——表示多孔介质的比贮水系数，$[L^{-1}]$；

　　　　　t——时间，$[T]$。

2. 牧区地下水资源量

全国牧区地下水资源量为 222.0 亿 m^3，其中：东北牧区地下水资源量为 57.4 亿 m^3，主要集中在黑龙江和吉林牧区；内蒙古高原牧区地下水资源量为 51.6 亿 m^3；蒙甘宁牧区地下水资源量为 6.7 亿 m^3，主要分布在甘肃和内蒙古西部；新疆牧区地下水资源量为 24.0 亿 m^3，青藏高原牧区地下水资源量为 82.3 亿 m^3，主要集中在青海。

3. 牧区水资源总量

全国牧区水资源总量为 4881.6 亿 m^3，其中：东北牧区水资源总量为 394.5 亿 m^3，主要集中在内蒙古东部；内蒙古高原牧区水资源总量为 95.7 亿 m^3，主要集中在内蒙古中部；蒙甘宁牧区水资源总量为 50.9 亿 m^3，主要分布在甘肃；新疆牧区水资源总量为 522.6 亿 m^3，青藏高原牧区水资源总量为 3817.9 亿 m^3，主要集中在西藏和四川。

第二节　牧区饲草资源特点及评价

一、牧区草地资源特征

我国草原及草山、草坡面积有 58.9 亿亩。北方牧区有草原 49.1 亿亩，其中可利用的有 41.6 亿亩；南方有草山草坡 9.8 亿亩，可利用的有 8.0 亿亩。北方牧区草原分布在高寒干旱地区，造成草原利用上的困难。所以我国草原产草的数量和先进国家草原相比，差距甚远。由于过去片面强调粮食生产，毁草开荒，长期忽视草原建设，实行掠夺式的经营，使草原生态遭到破坏，草原碱化、沙化极为严重。现今的草场产草量与 20 世纪 50 年代相比下降了 30%～60%。北方牧区的丰盛草原仅占 18%，中等草原占 46%，劣质草原占 36%，由于草原草质下降，目前 20 亩草原才能养 1 只羊，100 亩草原才能养 1 头牛。饲草严重不足，草原牲畜每年都有 5～6 个月缺草料。"夏壮、秋肥、冬瘦、春死"的恶性循环乃是草原牲畜的生动写照。北方牧区正常年景冬春季死亡成畜 800 万头，损失人民币 10 亿元左右。由于牧区草原草产量下降，致使畜牧业发展缓慢，生产力和商品率很低。目前牧区 100 亩草原的产肉量只有 2.9kg。这个指标远远低于蒙古草原 14kg 及世界其他国家草原 12～22kg 的产肉水平。

近几年来，我国开始重视草原建设，草原资源的保护工作有所起色。但对全国牧区而言，草原的建设速度远远赶不上草原退化、沙化速度。所以防御草原退化、沙化问题，是研究牧区草原保护、开发、利用的主要课题。从目前我国牧区草原饲草资源减产情况看，是十分值得忧虑的。草原退化的主要表现是青贮饲草植被破坏、优质牧草品种减少、产草量下降，重者草原沙化、碱化。草原沙漠化是全世界关注的问题，现在许多国家的草原都遭此厄运，其原因有自然因素，但更主要的是人为因素，人的生产活动频繁是草原退化的主导因素。我国牧区饲草资源下降的人为因素主要是利用过度，载畜量过大，超负荷运转。30年来内蒙古牲畜增加了百倍，产出大于投入，破坏了草原植被。其次是毁草开荒，中华人民共和国成立后新疆、内蒙古在草原上进行了大面积的垦荒，由于这些垦区气候干旱，许多垦田又弃而不耕，使草原植被遭到破坏。内蒙阴山北麓的伏沙带逾越扩大，使草原沙化。沙化造成区域性气候变化，使半干旱农牧过渡带向北推移，其速度是每年约1km，从而加剧了草原沙漠化的进程。草原饲草资源的下降，致使草原的生产力和产值很低。

二、饲草资源评价

1. 饲草资源种类构成

饲草资源是指草地上供家畜饲料的草本和木本植物的总称，习惯上通称为牧草。我国是牧草资源十分丰富的国家，饲用植物约有5000余种，其中禾本科牧草1150种，豆科牧草1130种。中国重点牧区草地资源调查结果显示：据松嫩草地、呼伦贝尔草地、科尔沁草地、锡林郭勒草地、乌兰察布草地、甘南草地、青海省环湖草地、阿坝草地、甘孜草地、阿勒泰草地和伊犁草地11片草地的不完全统计，饲用植物资源共有76科、340属、1322种及98变种，其中被子植物有68科、330属、1299种及96变种；被子植物中双子叶植物有55科、223属、656种及39变种；单子叶植物有13科、107属、643种及57变种；数量最多的是禾本科有77属、426种及54变种；数量较多的有菊科49属、149种及19变种；豆科25属、139种及11变种；莎草科11属123种；藜科21属、105种。

2. 饲草资源评价

（1）禾本科饲用植物饲用价值大。禾本科饲用植物在我国牧区分布最广、参与度最高、饲用价值最大。据调查，我国天然草禾本科饲用植物不仅数量多、在草地上的参与度高，而且在天然草地上超优势作用的种类也比较集中，分布面积大，因而饲用价值高。天然草地上许多优势牧草，多为家畜的优越饲草。据不完全统计，在我国天然草地上起优势作用的禾本科牧草有135种，占天然草地优势饲用植物总数的42.59%。其中，针茅属中的种类最多，计有20种，占优势禾本科牧草的14.81%；其次是早熟禾属，有11种，占8.15%，单种属达34个，占54.8%。

（2）豆科饲用植物种类多营养价值高。豆科植物是种子植物中的第二大科，全世界约有750多属19700多种，我国有139属1310种，占世界总种数的6.6%，豆科牧草在我国天然草地上分布有125属1239种，在我国草地饲用植物中居于首位，占饲用植物总数的18.53%；并且营养价值高，是天然草地上蛋白质饲料的主要来源之一。但是，除个别少数种外，绝大多数的种在草地上参与度都很低。据全国草地资源调查资料显示，在天然草地上占优势的豆科饲用植物计有10个属25种，分别占天然草地上豆科饲用植物属和种总数的8%和2%。

（3）莎草科牧草在草甸类和沼泽类草地上作用大。莎草科牧草的种类虽然不及豆科和禾本科饲用植物的种类多，但它们在天然草场的分布和参与度均较高。特别是在沼泽类和草甸类非地带性草地上，尤其是在高山草甸亚类上的参与度最高，饲用价值亦最大，据调查资料表明，全国天然草地上计有莎草科饲用植物24个属358种，其中在天然草地上起优势作用的有6个属37种。在高山草甸亚类中，共有74个草地型，其中以莎草科饲用植物占优势的高达 50 个，占该亚类草地型总数量的 67.6％；若以草地面积而言，莎草科饲用植物占优势的草地面积占该亚类草地总面积的 74％以上。在沼泽类草地 14 个草地型中，莎草科饲用植物占优势的有 9 个，占 64.3％，而草地面积占该类草地总面积的 79.7％。

（4）特有饲用植物种类多。由于我国牧区复杂的自然地理条件，孕育了特有的饲用植物资源。根据不完全统计，我国草地特有饲用植物计有 24 个科 171 个属 493 个种。其中，禾本科饲用植物有 62 个属 287 个种，分别占特有饲用植物总数的 36.3％和 59.4％；豆科饲用植物拥有 33 个属 93 个种，分别占特有饲用植物总数的 19.3％和 18.7％。菊科有 12 属 31 种，藜科 8 属 18 种，蔷薇科 6 属 11 种，莎草科 4 属 10 种。

第三节　牧区牲畜资源评价

一、牧区牲畜品种资源

我国牧区草原上繁衍的野生动物达 2000 多种，其中有 14 种国家一级保护动物，如藏羚羊、野牦牛、马鹿、雪鸡、雪豹等。天然草原放牧和饲喂家畜品种有 250 多种，主要有绵羊、山羊、黄牛、牦牛、马、骆驼等，其中很多品种如滩羊、辽宁绒山羊、蒙古牛、天祝白牦牛、蒙古马、阿拉善双峰驼等是我国牧区特有的家畜品种资源。下述分别介绍牧区和半农半牧区的牲畜品种。

1. 牧区牲畜品种

我国牧区畜牧业主要分布于北部的内蒙古高原、西部的新疆和西南部的青藏高原，从东向西呈明显的地带性变化。

（1）东部草甸草原地区。东部草甸草原牧区牧草生长茂密、产草量高、质量好，以饲养牛、马、羊等牲畜为主，所产的三河牛、三河马闻名全国。

（2）中部干草原地区。中部干草原地区牧草较稀疏矮小，产草量较低，以饲养羊、马、骆驼为主，为中国重要的羊毛、羊皮与羊肉生产基地与耕役马的主产地。

（3）西部荒漠草原牧区。西部荒漠草原牧区水草条件较差，宜于羔皮羊、裘皮羊、山羊和骆驼等的放牧，但以山羊所占比重较大，骆驼的分布也相当集中，是中国骆驼的重要分布区。

（4）西部阿尔泰山、天山等山地牧区。西部阿尔泰山、天山等地的山地牧区天然草场类型多样，垂直差异十分显著。主要有放牧绵羊、山羊、马、牛和骆驼等。其中尤以新疆细毛羊、阿勒泰肥臀羊、伊犁牛和伊犁马著称。

（5）青藏高原牧区。青藏高原牧区天然草场类型繁多、牧草低矮、产量低，是以牦牛、藏系羊为主体的高寒牧区。世界上约有 85％的牦牛分布在中国，而以青藏高原牧区最为集中，是国内外牦牛的集中产区。

总之，牧区畜牧业是以天然草地为主要饲料来源的放牧畜牧业地区，家畜以牛、马、羊、骆驼等草食牲畜为主，畜牧业以畜产品为其主要利用方式，是全国重要的畜牧业生产基地。

2. 半农半牧区牲畜品种

半农半牧区沿长城南北呈狭长的带状分布，历史上曾是农牧业交替发展变化较大的地区，以具有汉族经营纯农业与蒙古族经营纯牧业的生产方式为特色。区内旱作农业与放牧畜牧业交错分布，畜牧业兼有纯牧区放牧与农区舍饲的特点，其中科尔沁草原和坝上高原等天然草场以放牧牛、马、羊为主，是肉、乳、细毛的重要生产基地；宁夏的盐池、同心及与内蒙古毗邻地区历来以滩羊为主，所产二毛裘皮尤负盛名；城郊畜牧业主要分布于城市和大型工矿区周围，以饲养猪、鸡、奶牛等畜禽为主，为城市、工矿区直接提供肉、蛋、乳等畜产品。

二、牧区牲畜量分析

自 20 世纪 50 年代以来，牧区畜牧业虽已有很大发展，但速度缓慢，产量低而不稳，产品率和商品率均不高。至 80 年代，猪、牛、羊和大牲畜头数有了显著增加，肉、奶、蛋、毛等畜产品产量大为增长，商品率也大为提高。但因我国牧区地域辽阔，自然条件复杂多样，畜牧业资源分布不均，畜牧业生产发展地区差异显著，北部与西部广大地区历来为全国重要牧区，拥有牲畜头数约占全国的 10%，而以种植业为主的东部广大农区却拥有全国 86% 的牲畜头数，所提供的肉食约占全国的 95%，奶、禽、蛋等畜产品也占绝对优势。

根据《中国畜牧业统计年鉴》，2011 年全国牧区年末牲畜存栏数 26412.2 万羊单位，其中大畜 3496.9 万头（只），小畜 10969.3 万只，见表 2-1。牧区生产牛、羊肉的产量分别为 120.6 万 t 和 110.6 万 t，分别占全国牛、羊肉产量的 18.6% 和 28.1%，占全国肉类产量的 1.5% 和 1.4%。按照 2011 年价格计算，牧区草地畜牧业生产牛、羊肉的产值为 1002.26 亿元，可利用草原面积为 32.23 亿亩，牧区可利用草原的平均产值为 31.03 元/亩。

表 2-1　　　　　　　　　　　　牲畜存栏数量表

全国牧区牲畜年末存栏 /万羊单位	其　　中		
	大牲畜/万头	绵羊/万只	山羊/万只
26412.2	3496.9	7868.7	3100.6

第四节　牧区水-草-畜资源平衡分析

一、牧区水-草-畜资源平衡简述

水-草-畜系统是一个复合生态系统，构成这一系统的主要要素有水资源的开发利用、草地生产能力及其复壮更新、畜种的改良与畜群结构的调整等。它们既作为单独系统存在，又都必须在整体的大系统中发挥其特定的功能，故这些系统均为草地畜牧业生态系统的子系统，每一子系统只能在大系统中的综合功能之内发挥其应有的特殊功能。从生态学、经济学角度考虑，草地水-草-畜平衡系统又具有生物质能的产出、经济收入和影响区域生态环境等功能。因此，衡量水-草-畜平衡系统功能优劣的标准是水、草资源利用效率情况、生态环境条件的改善情况、牧民经济收入的提高情况等，即生态、经济和社会的整体效益。一个良好的草地水-草-畜平衡系统应该是：既能充分地吸收、利用、转换输入的物质与能量，获得高产优质的草畜产品，又可促进生态环境的恢复，并获得最佳经济效益，整个系统处于正向（优化）发展的动态平衡和良性循环状态（图 2-3）。

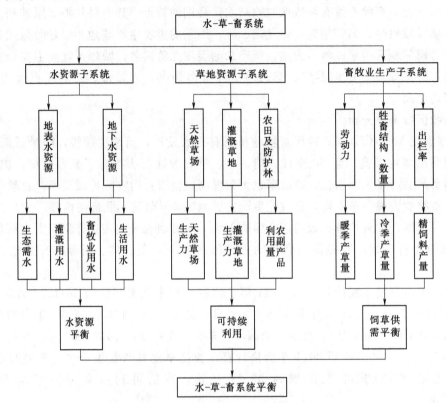

图 2-3　水-草-畜资源平衡系统图

二、牧区水-草-畜资源平衡系统分析处理方法

　　水-草-畜系统工程是应用系统工程方法对水-草-畜系统进行综合考查和分析、并优化水、草、畜工程规划和运行管理的工程技术，是综合水资源系统工程、草原系统工程、畜牧业系统工程的交叉前沿学科。从基于研究过程的处理水-草-畜系统问题的方法论角度，水-草-畜系统工程的主要研究内容包括：根据研究的区域水草畜问题确定水-草-畜系统的目标、功能、边界；从水草畜整体协调出发，按照系统本身所特有的性质与功能，研究系统与环境之间、系统与各子系统之间、子系统内部之间、子系统与各要素之间、各要素之间的相互作用与相互依赖的关系；建立相应的数学模型，并应用系统优化方法、系统建模方法、系统预测方法、系统模拟方法、系统评价方法、系统决策分析方法以及结合从定性到定量综合集成方法等；定量或半定量地求解水-草-畜系统规划与管理的优化方案。

　　由于水-草-畜系统工程的主要研究对象（系统因子）是水资源、草地资源、畜牧业资源，其分别为 3 个不同的自然系统：水资源系统、草原系统、畜牧业系统。在广义的资源系统中，这 3 个子系统相互联系，相互依赖，相互制约，组成了密不可分的水-草-畜系统。由于系统的高维混杂性，导致其具有不可控性和近似性，目前还无法将水-草-畜系统置于一个可控的环境中进行模拟或实验。因此，其系统模型的近似推求，只能通过反复实践来检验和修正。

三、牧区水-草-畜资源平衡系统优化模型

1. 模型构造

小规模的家庭农场成为牧业生产的基本经营形式，这种家庭农场在能力和物质输入与输出上是相对独立的，如何经营才能在可持续发展的前提下使经济效益、社会效益和生态效益最佳，成为当前牧业经营户和研究人员共同关心的问题。

研究将系统中农田亚系统、草地亚系统、家畜亚系统联合起来综合考虑，结合乌审旗实际生产情况，进行暖季放牧冷季舍饲畜牧业发展模式的优化计算。主要进行天然草场的规划利用、优化种植基地结构与规模、开发劳动力、有限水资源的优化配置及经济效益分析研究。

（1）合理利用、改良天然草场。天然草场是草地畜牧业饲草的主要来源，约占牲畜所需饲草的 70%～80%，天然草场的数量和质量是决定种群结构的主要因素，也是决定种植业基地发展规模的主要因素。因此，合理利用和改良天然草场是草地畜牧业经济生态系统效益最优化的基础。

（2）确定种植业发展规模及种植结构。合理确定种植业结构和规模，特别是在水资源一定的条件下，经济合理的饲草种植比例，是解决冬春饲草不足、取得草地畜牧业经济生态系统效益最优化的重要条件。

（3）分析确定牧区水利设施的布局与规模。牧区水利设施标准的高低是衡量草地畜牧业生产水平高低的重要方面，具体包括水源工程、提水工具、输配水型式及灌水技术的试验研究和推广应用等技术措施。特别在西部干旱区，节水节能水利设施的布局与规模是影响草地灌溉效果的重要因素。

综上所述，以牧区水利建设为基础的草地畜牧业生产，主要由天然草场、种植业基地、水利设施、牲畜、林业、牧民 6 个子系统构成，各系统相互协调、制约，构成涵盖草地所有资源的完整的草地畜牧业生产系统。

2. 数学模型

根据草地畜牧业各系统要素，建立乌审旗典型牧户生态保护与畜牧业可持续发展线性规划模型，经参数优选、参数确定、成果分析，提出优化方案。模型示意图见图 2-4。

（1）目标函数：

$$\max F = \sum_{i=1}^{n} f_i X_i \qquad (2-4)$$

式中　F——目标函数（净效益）；

$\quad\quad n$——草地、农田类型数；

$\quad\quad f_i$——第 i 种草地、农田单位面积净效益；

$\quad\quad X_i$——第 i 种草地、农田类型面积。

（2）约束条件。

1）草地总约束：

$$\sum_{i=1}^{5} X_i = AREA \qquad (2-5)$$

式中　$AREA$——草场最大可利用面积。

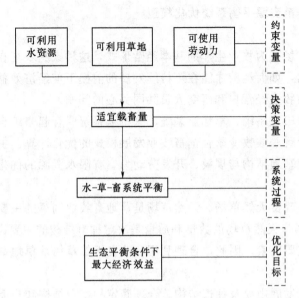

图 2-4　水-草-畜系统平衡数学模型示意图

2）天然草场约束：

$$C_1 X_1 - B_1 X_L \geqslant 0 \qquad (2-6)$$

式中　C_1——天然草场夏秋季单位面积可食草量；

　　　B_1——羊单位牲畜夏秋季采食定额；

　　　X_1——夏秋牧场面积；

　　　X_L——饲养牲畜羊单位数。

3）饲草料地结构和规模约束：保证牲畜冬春舍饲草料自产自足，确定种植结构及规模。

青贮玉米约束：

$$C_2 X_2 - B_2 X_L \geqslant 0 \qquad (2-7)$$

式中　C_2——青贮玉米单位面积产量；

　　　B_2——牲畜羊单位舍饲青贮玉米定额；

　　　X_2——青贮玉米面积；

　　　X_L——饲养牲畜羊单位数。

精饲料约束：

$$C_3 X_3 - B_3 X_L \geqslant 0 \qquad (2-8)$$

式中　C_3——饲料玉米单位面积产量；

　　　B_3——牲畜羊单位舍饲饲料玉米定额；

　　　X_3——饲料玉米面积。

干草苜蓿（和作物秸秆）约束：

$$C_3^* X_3 + C_4 X_4 - B_4 X_L \geqslant 0 \qquad (2-9)$$

式中　C_3^*——单位面积玉米秸秆产量；

　　　C_4——苜蓿单位面积产干草量；

B_4——牲畜羊单位舍饲干草定额；

X_4——苜蓿种植面积。

4）基本生活约束。为保障畜牧业发展需要，需种植一定面积的作物及基础牲畜数量：

$$\sum_{i=2}^{4} X_i \geqslant A_i \qquad (2-10)$$

$$X_L \geqslant L \qquad (2-11)$$

式中 A_i——i 类作物种植面积；

L——基础羊单位数量。

5）防护林约束：

$$F\sum_{i=2}^{4} X_i - X_5 \geqslant 0 \qquad (2-12)$$

式中 F——防护系数，防护林面积占种植业面积的比例，取 0.05；

X_5——防护林面积。

6）生态约束。为保证生态建设的可持续性，每牧户可开发灌溉草地最大面积：

$$\sum_{i=2}^{5} X_i \leqslant A \qquad (2-13)$$

7）水资源约束。保证供水系统和用水系统的水量平衡关系，采取节水节能措施，尽可能减少水资源和能源浪费，计算系统年用水量和各时段用水量。各时段水量供需平衡方程：

$$\sum_{i=2}^{4} M_i X_i - \mu QT \leqslant 0 \qquad (2-14)$$

式中 M_i——时段第 i 种作物灌水量，$m^3/$亩；

μ——灌溉水利用率，%；

Q——系统日最大供水量，m^3/d；

T——时段天数，$T=15d$。

系统年总用水量计算方程：

$$\sum_{i=2}^{4} M_i X_i + M_6 X_L + M_7 P \leqslant W \qquad (2-15)$$

式中 M_i——i 种作物灌溉定额；

M_6——牲畜羊单位年用水定额；

M_7——每人年用水定额；

P——人口数量；

W——最大可供水资源量。

8）劳动力约束：

充分利用劳力资源，尽量使每个劳动力都参加生产建设（人畜饮水问题已解决）。

$$\sum_{i=2}^{5} D_i X_i + r X_L \leqslant L \qquad (2-16)$$

式中 D_i——单位劳动力经营 i 种作物面积；

r——单位劳动力经营牲畜羊单位数量；

L——系统可供最多劳动力数量。

9）效益约束：

$$T_L X_L - \sum_{i=1}^{4} T_i X_i \geqslant 0 \tag{2-17}$$

式中 T_i——第 i 类种植业基地单位面积费用；

$\quad\quad$ T_L——羊单位年毛效益。

10）非负约束：

$$\sum_{i=1}^{5} X_i \geqslant 0 \tag{2-18}$$

思 考 题

2-1 牧区饲草资源分布与水资源有何关系？

2-2 牧区水-草-畜资源是动态平衡还是静态平衡，其影响因素主要有哪些？

第三章　牧区水资源开发利用

我国干旱及半干旱地区的面积约占全国总面积的一半，主要分布在我国的华北、西北、内蒙古及青藏高原等地区。北方干旱及半干旱地区，不仅是我国的农业生产建设基地，而且是我国的牧业生产建设基地。我国缺水草场面积约 10 亿亩，且大部分分布在我国西北的新疆、内蒙古、青海、甘肃等省区。这些地区地表水资源比较缺乏，因此，在进行这些地区的农牧业水利建设中除应充分开发利用地表水资源外，还必须积极开发利用地下水资源，以保证农田、牧草灌溉适时适量的需水要求，从而促进牧区建设的发展。

第一节　牧区地下水勘查技术

地下水勘查技术是合理开发利用地下水源的重要保障，其主要方法包括遥感、地球物理勘探等。20 世纪 50—60 年代地球物理方法已被应用于地下水勘查领域，方法以直流电测深、激发极化法、电测井为主，勘探的目标主要为第四系松散岩类孔隙水，方法成熟简单。70—80 年代期间，找水工作开始面向勘查难度较大的基岩裂隙水、岩溶水，相应的物探技术方法也有了新的发展。如音频大地电场法、放射性法、综合测井等方法的应用，取得了明显的效果，并形成有特色的系列找水技术。从 90 年代至今，由于地下水勘查的内容和范围不断扩大，研究的问题更加深入，更具有针对性，所采用的技术方法以综合物探手段为主，有音频大地电磁法、核磁共振法、浅层高分辨率地震法、高密度电阻率法、瞬变电磁法、遥感、地理信息系统等。随着科学技术的发展，微波遥感凭其全天候、全天时的作业能力及其具有穿透性的优势，为缺水地区地下水研究提供了有利的条件，已在寻找地下水工作中得到了广泛的应用。本节就适宜牧区的几种地下水勘查技术进行介绍。

一、地下水类型及勘查方法概述

地下水按赋存介质分为孔隙地下水、裂隙地下水和岩溶地下水 3 大类。

1. 孔隙地下水及勘查方法

（1）孔隙地下水概念及其特点。孔隙地下水广泛分布在各种不同成因类型的松散沉积物中。其主要特点是水量空间分布相对均匀，连续性好，一般呈层状分布。主要分布在平原地区、内陆盆地多层结构区、山前地下水深埋带以及黄土地区等。含水层岩性一般为细砂、中砂、中细砂、粗砂等粗颗粒地层，是地下水勘查的主要目标体。我国西北内陆盆地如塔里木盆地、准噶尔盆地、河西走廊山前平原以及滨海等地区均属于孔隙地下水。

（2）孔隙地下水勘查方法选择。孔隙含水体介质结构勘查是指孔隙水赋存的地层岩性与上下地层岩性之间关系、分布范围、含水体地层厚度、埋深等要素的勘查。通常可采用直流电测深法、高密度电阻率法、音频大地电磁测深法等。孔隙含水体富水性勘查是指含水体含水量勘查，通常包括激发极化法、核磁共振法。

2. 裂隙地下水及勘查方法

（1）裂隙地下水概念及其特点。裂隙地下水是指储存在基岩裂隙空间中的地下水。其空间分布不均匀，分布形式或层状或呈脉状。裂隙地下水按裂隙发育规律分为风化裂隙水、构造裂隙水和成岩裂隙水 3 种类型。风化裂隙水主要指各种不同岩石长期暴露在地表部分，在温度、水、空气和生物等各种应力作用下，原岩遭到破坏，形成具有密集孔隙的风化层中的地下水。其富水性取决于砂质成分的多少和风化裂隙发育程度，一般在裂隙较为发育的岩层其富水性相对较好。构造裂隙水是指在地壳经过无数次构造运动的外力作用下，不同性质的岩石产生的构造破碎带中的地下水。成岩裂隙水是指岩石在成岩过程中，由于岩石的干缩、固结等内部应力作用所产生裂隙中的地下水。裂隙张开性和连通性较好地段常为地下水富集部位。

（2）裂隙地下水勘查方法选择。裂隙地下水主要存在于基岩山区，工作的难度较大，在熟悉掌握工作区背景条件下，选择高分辨率的遥感数据源进行大比例尺的线性构造遥感解译，结合水文地质调查，确定有找水意义的工作靶区。在遥感解译线性构造的基础上，可根据不同的环境条件，选择音频大地电场法、放射性法等方便、快速、经济的方法确定构造水平位置，然后选择直流电测深法、音频大地电磁测深法、瞬变电磁法、浅层地震法等进行富水性确定。

3. 岩溶地下水及勘查方法

（1）岩溶地下水概念及其特点。岩溶水赋存在碳酸盐岩的岩石空隙中，其富水性很强。岩溶水的富集程度与岩溶发育程度密切相关。在岩石可溶性较好、地下水径流通畅及交替强烈地段，是岩溶发育强烈也是岩溶水富集地段。

（2）岩溶地下水勘查方法选择。对浅层表生岩溶带地下水可选择地质雷达、高密度法，配合核磁共振或激发极化法可实现精细划分地层结构和富水性的目的。构造性岩溶地下水可参见基岩地下水勘查方法。

二、遥感技术

目前应用遥感技术寻找地下水主要有两种途径：水文地质遥感信息分析，即从遥感图像中提取地貌、地层岩性、构造、水文等水文地质信息，确定有利的蓄水构造，进而推断地下水富集区；环境遥感信息分析，是从遥感图像上提取与地下水有关的植被、湖泊、水系等环境因素信息，根据这些环境因素对地下水的依存、制约关系，推断地下水的存在与富集状况。

1. 遥感技术的概念及特点

遥感是指从远距离、高空以至外层空间的平台上利用可见光、红外、微波等探测仪器通过摄影或扫描方式对电磁波辐射能量的感应、传输和处理，从而识别地面物体的性质和运动状态的现代化技术系统。

遥感具有多源性、空间宏观性、时间周期性、综合性以及波谱、辐射量化性的特点，既能达到对区域地质及水文地质信息宏观调查的目的，又能微观显示局部富水信息，是地下水勘查工作中很重要的一种手段。

2. 遥感技术可解决的地质问题

（1）推断地层岩性、构造，指示地下水存在的可能性。通过对获取地表信息的提取与处理，推断地层岩石类型、地层结构和岩性。根据地表形态特征、图像上断层和破裂带特征、地层层理和其他线性特征能指示地下水存在的可能。

（2）测定地表辐射温度，直接或间接探测泉水或浅层地下水。用热红外遥感技术测量地表辐射温度的变化，可用于推断或确定浅层地下水、泉水或溢出带。

（3）测量土壤湿度，探测埋藏型古河道。合成孔径雷达特别是长波雷达敏锐的观测、穿透及其测量土壤湿度的能力，对干旱区地下水勘查及埋藏型古河道的探测具有很大的潜力。

（4）划分植被类型，推断浅层地下水水质。植被的种类与所在区域地下水水质具有密切关系，利用图像上植被类型变化及植被生长状态可推断浅层地下水的存在及水质的好坏。

3. 遥感勘查技术的组成

地下水遥感勘查技术一般包括数据源的选择、地下水遥感影像特征识别、遥感图像的处理以及遥感信息解译等几部分。

（1）遥感数据源的选择。遥感数据源包括多光谱遥感、雷达微波遥感、热红外遥感、卫星高分辨率影像与航空影像等数据。

（2）地下水遥感影像特征识别。遥感图像虽然很难直接探测地下水，但不同波段影像都能从与地下水有关的地表影像特征间接地反映出地下水信息。从地形、地貌、水系的发育特征可以分析地表水与地下水的水力联系；从土壤湿度可以得到浅层地下水信息；根据含水层的埋藏深度可以判断地下水的埋藏深度；通过含水层的岩性分析可推断地下水质；对第四系松散堆积物颗粒粗细分布规律的划分可大致了解地下水的赋存、分布特征；构造的存在往往与地下水有密切关系，断裂破碎带一般具有较好的导水性和较大的储水空间，是寻找地下水的靶区。不同类型植被的分布规律、生长状态能指示地下水的存在及埋藏深度。总之，从可见光到红外、热红外波段以及微波，各波段影像在不同地区、不同地质条件下寻找地下水均有可利用的特性。

（3）遥感图像的处理。图像处理是遥感图像的数值变换，它包括预处理、增强处理和分类处理。

1）预处理。指的是对原始遥感数据的初步处理，目的是标定图像的辐射度量，校正几何畸变以及地理位置配准等。充分反映地物辐射特性的真实性和对地球表面几何位置的准确性，提高遥感技术应用的精度和广度。

2）增强处理。是指采用一系列技术改善图像的视觉效果，提高图像的清晰度，突出与地下水有关的水文地质信息，抑制无用信息，据分析目的对图像数据作进一步的处理，把图像变换成新的形式。一般包括彩色增强、遥感影像信息融合、主成分分析等方法。

3）分类处理。目的是将图像中每个像元根据其在不同波段的光谱亮度、空间结构特征或者其他信息，按照某种规则或算法划分为不同的类别。在图像分类过程中根据人工参与程度，可分为监督分类、非监督分类，以及两者结合的混合分类等。在实际分类中，并不存在单一"正确"的分类形式，选择何种分类方法取决于图像的特征、应用要求及能利用的计算机软硬件环境。

（4）遥感信息解译。地下水遥感解译是以遥感图像作为基础资料，以图像处理技术为辅助手段，运用水文地质理论对水文地质单元及其赋水构造进行解释，以推断其富水程度。遥感解译工作流程图见图 3-1。

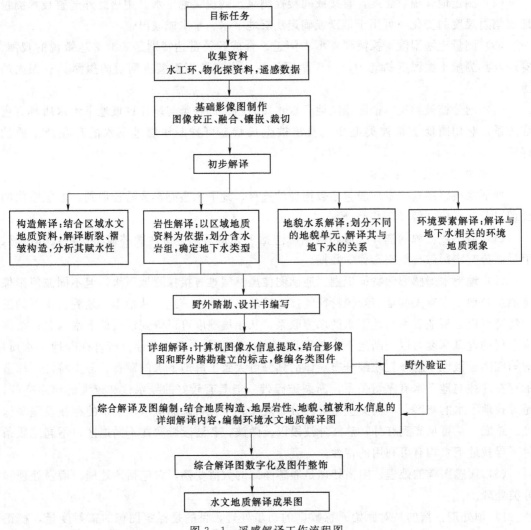

图 3-1 遥感解译工作流程图

三、地球物理勘查技术

国内外地球物理勘查技术的发展现状表明：信息量大、分辨率高、勘探深度大的电磁法勘查技术是地球物理勘查技术的主要手段，在地下水资源勘查中发挥着重要的作用。常用的勘查方法见表 3-1。这些方法从不同的地球物理特性去识别地下地质体，达到解决地质问题的目的。下面主要介绍 EH-4、激发极化法与核磁共振法 3 种地球物理勘查方法。

表 3 - 1　　　　　　　　　　　　　常用地下水地球物理勘查方法

地　面　物　探		孔内物探（测井）	
直流电法	电测深法	电阻率法	视电阻率测井
	电剖面法		侧向测井
	高密度电阻率法		井液电阻率测井
	自然电位法	电化学活动法	自然电位测井
	充电法	声测法	声速测井法
	激发极化法		超声成像测井法
电磁法	音频大地电场法	放射性法	自然伽玛测井法
	频率域大地电磁测深法		伽玛—伽玛测井法
	瞬变电磁法	测量法	流量测井
	核磁共振法	扩散法	扩散测井
地震法	反射波法	其他方法	井温测井
	折射波法		井径测井法
放射性	测氡法		井斜测井法

1. EH - 4 电导率成像系统（音波大地电磁测深法）

（1）基本原理。EH - 4 电导率成像系统是 20 世纪 90 年代由美国 Geometries 和 EMI 公司联合生产的，属于部分可控源与天然场源相结合的一种音频大地电磁测深系统。观测的基本参数为正交的电场分量和磁场分量。通过频谱分析及一系列运算，求得不同频率的视电阻率值。勘探深度随着频率的变小而增大，反之则减小。因此，通过改变频率可以达到测深的目的。

（2）技术特点。主要优点是巧妙地采用了天然场与人工场相结合的工作方式，由部分可控源补充局部频段信号较弱的天然场，来完成整个工作频段的测量，受场地限制较小，易于开展工作；发射装置轻便，便于野外多次移动，保证发射信号质量；多次叠加采集数据，能有效地压制干扰；时间域观测，频谱丰富，能提供更多的地质信息；实时数据分析，确保观测质量；现场给出连续剖面的拟二维反演结果，结果直观；根据勘探深度选择基本配置或低频配置，勘探深度变化范围大，分辨率高。

（3）适用范围：划分地层结构，了解地下水矿化度分布特征，寻找古（故）河道，查明深埋灰岩界面起伏以及构造裂隙岩溶发育情况，查明构造破碎带空间展布特征。

2. 激发极化法

（1）基本原理。激发极化法（简称激电法）包括直流激电法和交流激电法两种。直流激电法是通过推求视极化率 $\eta_s(T, f)$ 得到，即

$$\eta_s(T, t) = \frac{\Delta U_2(t)}{\Delta U(T)} \times 100\%$$ （3 - 1）

式中　η_s——视极化率；

　　　　T——供电时间；

ΔU_2——二次电位差；

t——断电时间；

$\Delta U(T)$——总电位差。

交流激电法是通过推求交流激电特性参数频散率 $P(f_D, f_G)$ 获得，即

$$P(f_D, f_G) = \frac{\Delta U_{fD} - \Delta U_{fG}}{\Delta U_{fG}} \tag{3-2}$$

式中 P——频散率；

f_D——低频频率；

f_G——高频频率；

ΔU_{fD}——低频电位差；

ΔU_{fG}——高频电位差。

在极限条件下：$T \to \infty$、$t \to 0$ 和 $f_D \to 0$、$f_G \to \infty$ 的情况下，直流激电效应极化率和交流激电效应频散率是完全一样的。

（2）技术特点。

1）观测装置种类多，可根据勘探对象进行选择。受地形起伏和近地表不均体影响相对较小，异常形态简单，易于解释。

2）激电参数和视电阻率参数同时观测，可获得更多的异常信号。

3）易产生电磁耦合效应，小极距、长延时或较低的工作频率以及偶极装置，可减小或压制电磁耦合效应。

4）直流激电法可同时获得极化率、衰减时（或半衰时）以及含水因素等参数，这些参数的大小与地下水的富集程度有直接联系，如衰减时反映静水量（含水量），含水因素反映动水量（出水量）。

（3）适用范围：了解第四系松散结构含水层的富水性，了解灰岩区溶洞或断层破碎带充填物成分，确定基岩构造裂隙富水发育带。

3. 核磁共振

（1）基本原理。氢核是地下水中具有核子顺磁性物质中丰度最高、磁旋比最大的核子。在稳定地磁场 B_0 的作用下，氢核像陀螺一样绕地磁场方向旋进，即产生核磁共振效应。其旋进频率（拉摩尔圆频率 ω_0）与地磁场强度 B_0 和氢核的磁旋比 γ 有关，即

$$\omega_0 = \gamma B_0 \tag{3-3}$$

核磁共振找水方法就是通过测量地层水中氢核在拉摩尔频率的交变磁场作用下产生的共振讯号来直接找水。

（2）技术特点。与其他地球物理找水方法相比，核磁共振找水技术主要具有以下优点：①直接找水，判断充填物性质。在有效探测深度范围内，有水就有核磁共振信号反应，反之则没有。不受含水地层与围岩之间电性差异的影响，是一种直接找水技术，进而可识别裂隙、岩溶管道等充填物性质。②可量化含水层信息，能有效地给出含水层的位置、厚度、含水量及平均孔隙度等水文地质参数。③不需接地，受地表电性不均匀体干扰小，适合地表干燥地区使用。

第二节　牧区地下水开发利用技术

由于地下水的埋藏条件、补给条件、开采条件和当地的经济技术条件的不同，用以集取地下水的工程类型也多种多样，常用的有下列几种：

（1）垂直系统：由于该种系统建筑物的延伸方向基本与地表面相垂直，故称之为垂直系统。如管井、大口井等。因其适应条件最为广泛，所以在生产中采用最多，也是本节阐述的重点之一。

（2）水平系统：由于该种系统建筑物的延伸方向基本与地表面相平行，故称为水平系统。常见有坎儿井、截潜流工程和横管井等。

（3）联合系统：如将垂直与水平系统结合在一起，或将同系统中几种（个）联合成一整体，便可称为联合系统。例如复合井、井群、辐射井、虹吸井等。

（4）引泉工程：根据泉水出露的特点，予以扩充、收集、调蓄和保护等的引取泉水的建筑物称为引泉工程。它多用于供水、医疗或其他各种用途。

以上各系统中除引泉工程必须要具有特殊的天然露头外，其他各系统均应根据当地具体条件合理选用。

本节对管井、大口井、坎儿井、辐射井等地下水取水工程作主要阐述。

一、管井

通常将直径较小、深度较大和井壁采用各种井管加固的井型，统称为管井。因为这种井型必须采用各种专用机械施工和机泵抽水，为了和人工掏挖的浅井相区别，故习惯称为机井。又将用于农业灌排和供水的机井，称为农用机井。

1. 管井的结构形式

管井的结构因水文地质条件、施工方法、配套水泵和用途等的不同，其结构形式也相异。但大体来分，可以分为井口、井身、进水部分和沉砂管4部分（图3-2）。

（1）井口。通常将管井上端接近地表的一部分称为井口。为了安全和便于管理，在不同情况下，可密封置于户外或与机电设备同设在一个泵房内。

（2）井身。如图3-2所示，通常将井口以下至进水部分的一段井柱称为井身。如果管井是多层取水，则为对应各隔水层部分的分段井柱。井身不要求进水时，在一般松散地层中，应采用各种密实井管加固。如果井身部分的岩层是坚固稳定的基岩或其他岩层，也可不用井管加固。但如要求隔离有害的和不计划开采的含水层时，则仍需用井管严密封闭，且要有足够的强度，以承受井壁侧压力。

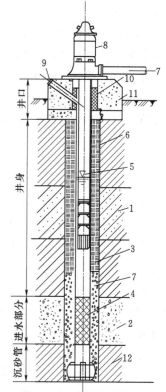

图3-2　管井示意图

1—非含水层；2—含水层；3—井壁管；4—滤水管；5—泵管；6—封闭物；7—滤料；8—水泵；9—水位观测孔；10—护管；11—泵座；12—不透水层

同时，井身部分常是安装各种水泵和泵管的处所，为了保证井泵的顺利安装和正常工作，所以要求其轴线要相当端直。

（3）进水部分。管井的进水部分是使所开采含水层中的水通畅进入管井的结构部分，因此它是管井的心脏，它的结构合理与否，对整个管井来说是至关重要的。因为它直接影响着管井的质量和其使用寿命，所以对其设计和施工要给予足够的重视。除在坚固的裂隙岩层外，一般对松散含水层，甚至对破碎的和易溶解成洞穴的坚固含水层，均须装设各种形式的滤水管。滤水管（或过滤器）的安装长度，应根据当地水文地质条件和总体规划中，计划开采的含水层厚度而定。如含水层集中，开采一层含水层时，可装设一整段。如同时开采数层含水层且各层之间又相隔较远时，则滤水管应对应各含水层分段装设。

在完整井中，对于承压含水层，应对应计划开采的含水层全部厚度装设滤水管；而对于集中开采的潜水含水层，则应按设计动水位以下的含水层厚度装设滤水管。在非完整井中，对于承压含水层，按钻入含水层的深度来装设滤水管；对于潜水含水层，则按设计动水位至井底（除沉砂管外）一段装设滤水管。不论完整井或非完整井，都没有必要从静水位开始一直到井底全部装设滤水管。

（4）沉砂管。管井最下部装设的一段不进水的井管，称为沉砂管。它的用途，主要是为了管井在管理运行过程中，使随水带入井内的砂粒（未能随水抽出的部分）沉淀于该段管内，以备定期清除。管井如不加设沉砂管，便有可能使沉淀的砂粒逐渐淤积滤水管，将滤水管的进水面积减小，从而增大了进水流速和水头损失，相应也增加了抽水扬程，或者减小了管井的出水量。沉砂管的长度，一般按含水层的颗粒大小和厚度而定。如管井所开采含水层的颗粒较细且厚度较大时，沉砂管可取长一些，反之则可短一些。一般含水层的厚度在 30m 以上且为细粒时，其沉砂管的长度不应小于 5m（具体应按单节井管的长度来定）。如为完整井且含水层较薄时，为了尽量增大管井的出水量，应尽量将沉砂管设在含水层底板的不透水层内，不要因装设沉砂管而减少了滤水管的长度。

2. 井管的类型

井管分为加固井壁的井壁管、专供拦砂进水的滤水管及沉淀管。

（1）井壁管。井管的类型是十分广泛的，对于供水管井，多采用各种钢管和铸铁管；对于大量的农业灌排管井，除少部分采用钢管和铸铁管外，绝大部分采用各种材料的非金属井管，如混凝土和钢筋、混凝土井管、石棉水泥井管等，个别也有采用塑料管和陶管。

1）钢管和铸铁管。其优点是机械强度高，尺寸比较标准，重量相对较轻（尤其是钢管），施工安装方便。但其缺点是造价高，且易产生化学腐蚀和电化学腐蚀，因而其使用寿命较短（钢管更短）。如果地下水中含有大量的二氧化碳、过饱和氧等或矿化度较高时，会加速腐蚀，因而就更缩短了其使用寿命。

2）非金属井管。我国目前主要采用混凝土和石棉水泥井管。这种井管的优点是耐腐蚀，使用寿命长，容易制作，多可就地取材且造价低。其缺点是机械强度相对较低，限制了其使用深度，施工安装工艺较复杂。实践证明，混凝土井管可安全用于 200m 以内的管井；石棉水泥井管可安全用于 300m 以内的管井。

（2）滤水管。滤水管有不填砾类和填砾类两类。

1）不填砾类。这类滤水管主要适用于粗砂、砾石以上的粗颗粒松散含水层和基岩破碎带及含泥砂石灰岩溶洞等的含水层。常用的有穿孔式滤水管、缝式滤水管和网式滤水管。

a. 穿孔式滤水管。穿孔式滤水管是在井管上构成一定几何形状和一定规律分布的进水孔眼而成。又因其进水孔眼的几何形状不同，可分为圆孔式滤水管和水平条孔式滤水管，分别如图 3-3、图 3-4 所示。

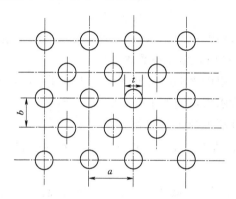 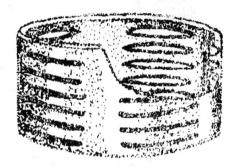

图 3-3　圆孔式滤水管进水孔眼布置图　　图 3-4　水平条孔式滤水管示意图

b. 缝式滤水管。条孔式滤水管虽比圆孔式有很多优点，但加工须有专门的设备或冲床，且冲压对滤水管的强度影响较大。对脆性非金属井管，尤其水泥类井管，要加工成规则而又均匀的条孔较为困难。鉴于这种原因，如利用易于加工的圆孔井管，在其外周再缠绕各种金属和非金属线材，或用竹篾编织成竹笼，用以构成合适的进水缝（犹如条孔），一般将这种形式的滤水管称为缠丝缝式滤水管（图 3-5）。

c. 网式滤水管。在粗砂以下颗粒粒度较细的含水层中，穿孔式滤水管若直接使用，便会在抽水时产生大量的涌砂。如在其外周垫条并包裹各种材料（如铜丝、镀锌细铁丝和尼龙丝等）编织成网子或天然棕网，即构成所谓的网式滤水管（图 3-6）。

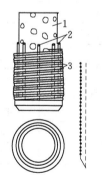 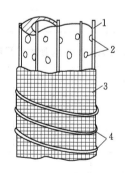

图 3-5　缠丝缝式滤水管　　　　图 3-6　网式滤水管
1—骨架管；2—纵向垫条；3—缠丝　　1—垫条；2—进水孔眼；3—滤水网；4—缠丝

2）填砾类。分为砂砾滤水管和多孔混凝土滤水管。

a. 砂砾滤水管。将滤料均匀围填于上述各种滤水管与含水层相对应的井孔间隙内，构成一定厚度的砂砾石外罩，便称为砂砾滤水管。此时，滤料便成为构成滤水管的重要组成

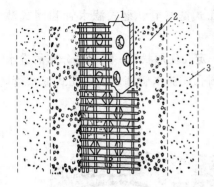

图 3-7 砂砾滤水管示意图
1—砂砾滤料；2—骨架管；3—含水层

部分，对滤水效果起着决定性作用。配合使用的滤水管便退居第二位，只成为起支撑滤料作用的骨架（管）（图 3-7）。骨架管是配合滤料工作的，因而其结构就需要根据滤料的特征来决定。

滤料粒径 D_{50} 按下式确定：

$$D_{50} = (8 \sim 10)d_{50} \qquad (3-4)$$

含水层颗粒均匀系数 $h_2 < 3$ 时，倍比系数取小值；$h_2 > 3$ 时，倍比系数取大值。

中、粗砂含水层，填砾厚度不小于 100mm；细砂以下含水层，填砾厚度不小于 150mm。

填砾高度应根据过滤器的位置确定，底部宜低于过滤器下端 2m 以上，上部宜高出过滤器上端 8m 以上。滤料应选用磨圆度好的硅质砾石。

b. 多孔混凝土滤水管。在良好的天然砂砾石中，掺加一定剂量的胶结剂，经均匀搅拌，使在砂砾石表面匀裹一薄层胶结剂，再根据需要装模震动成形，在其颗粒之间构成"双凹黏接面"，但仍保持充分的孔隙率和良好的透水性，同时又具有一定的抗压强度。将这种材料称为多孔混凝土或无砂混凝土。用这种材料制作的滤水管，即称为多孔混凝土滤水管。由于水泥料源较广，造价便宜，故初期多采用水泥作为胶结剂。

选配制作多孔混凝土滤水管的骨料可参考表 3-2 中资料选配。配制原料和配方水泥采用普通硅酸盐水泥，标号不低于 425 号，骨料宜用硅质砾石，具体可参考表 3-3。在技术要求上极限抗压强度不应低于 15MPa，渗透系数不小于 400m/d，孔隙率不小于 15%。

表 3-2　　　　　　　　　配制多孔混凝土滤水管的骨料粒度

含水层的类别	骨料粒度/mm	含水层的类别	骨料粒度/mm
细砂（包括粉砂）	3～8	粗砂（或带砾石）	8～12
中砂	5～10	黄土类含水层	5～10

表 3-3　　　配制多孔混凝土滤水管的灰骨比、水灰比、极限强度和计算强度参考表

骨料粒度 /mm	适用深度 /m	灰骨比 （重量比）	水灰比 （重量比）	极限强度 /MPa	计算强度/MPa	
					轴向	侧向
1～5	<100	1:5	0.38	15	6	7.5
	100～200	1:4	0.34	20	8	11
3～7	<100	1:5	0.35	15	6	7.5
	100～200	1:4	0.30	20	8	11
5～10	<100	1:5	0.30	15	6	7.5
	100～200	1:4	0.28	20	8	11

（3）沉淀管。

1）沉淀管（孔）长度，根据井深和含水层岩性确定。松散地层中的管井，一般为

4～8m；基岩中的管井，一般为 2～4m。

2）井管外部封闭：包括滤料顶部的封闭、不良含水层或非计划开采段的封闭和井口的封闭。封闭材料用含砂量不大于 5％的半干黏土球或黏土块；或用 1∶1～1∶2 的水泥砂浆或水泥浆。滤料顶部至井口段，应先用黏土球或黏土块封闭 5～10m，剩余部分可用一般黏土填实。对不良含水层或非计划开采段的封闭，一般采用黏土球封闭。如水压较大或要求较高时，用水泥浆或水泥砂浆封闭。封闭时，选用的隔水层单层厚度应不小于 5m。封闭位置应超过拟封闭含水层上、下各不少于 5m。井口周围用黏土球或水泥浆封闭，深度一般不应小于 3m。自流井应根据水头大小确定封闭深度，并应增设闸阀控制，同时在井口周围浇注一层厚度不小于 25cm 的混凝土。

3. 井管的连接

由于制管设备和运输要求，一般井管多制成 1～4m（少数也有 6～7m）的短节管，这就需要在安装时，将每一节短管严密牢固地连接在一起，并保证形成一根端直的整体管柱。金属井管和塑料与玻璃钢井管等，均比较易于连接而可靠。其连接方法已成常规，这里不再说明。但混凝土和石棉水泥井管，因其管端多制成平口，抗剪能力又弱，连接起来便较困难。

二、大口井

大口井一般是指由人工或机械开挖的井深较浅，井径较大，用以开采浅层地下水的一种常用井型。大口井的井深一般为 10～20m，井径一般为 3～5m，最大可达 10m。大口井具有出水量大、施工简单、就地取材、检修容易、使用年限较长等优点。但由于浅水水位变化幅度较大，对一些井深较浅的大口井来说常会因此而影响其单井出水量，另外由于大口井的井径较大，因而造井所用的材料和劳力也较多。

1. 大口井的适用条件

（1）地下水补给丰富，含水层渗透性良好，地下水埋藏浅的山前洪积扇、河漫滩及一级阶地、干枯河床和古河道地段。

（2）基岩裂隙区，地下水埋藏浅且补给丰富的地段。

（3）浅层地下水中铁、锰和侵蚀性二氧化碳的含量较高时，一般采用大口井取水较为适宜。

2. 大口井的结构类型

大口井的结构是由井头、井身（井筒）和进水部分等组成，见图 3-8（a）。大口井可根据造井材料的不同分为土井、石井、砖井、木井、竹井、混凝土井以及钢筋混凝土井多种类型。但在目前农田灌溉中最常用的是砖石或加筋砖石以及混凝土或钢筋混凝土大口井。

（1）大口井的底盘结构。大口井的底盘，一般都是用钢筋混凝土在现场浇筑，高度为 50～100cm，为了减少沉降时的阻力，底盘外径要比井筒外径大 10～20cm，并在下部作成刀刃形。刀刃与水平面的夹角约为 45°～60°，如图 3-8（b）所示。在含有大量卵石的地层中为了防止刀刃破坏，应在刃脚处加一环形的角钢，如图 3-8（c）所示。

（2）大口井的井筒结构。大口井的井筒，一般多为上下同径的圆柱体，为了便于沉降，也可作成上小下大的圆锥体。井筒的厚度常随造井材料及施工方法的不同而异，对砖

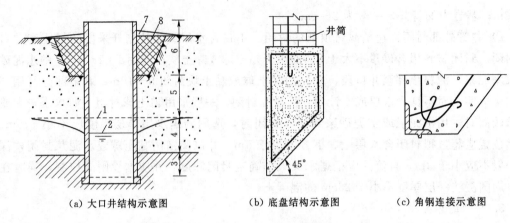

（a）大口井结构示意图　　　（b）底盘结构示意图　　　（c）角钢连接示意图

图 3-8　大口井、底盘、角钢连接示意图

1—井内静水位；2—井内动水位；3—集水坑；4—进水部分；5—井身（井筒）；

6—井头（井口）；7—斜面护坡；8—黏土截水墙

石井筒多为 24~50cm，对混凝土或钢筋混凝土井筒多为 24~40cm，一般水面以上部分的井筒厚度小于水下部分。

1）大开槽法施工，其井筒直径，一般不大于 4m。可按经验公式初步确定井筒壁厚。

砖石砌井筒壁厚，按式（3-5）确定：

$$d=0.1D_2+C_3 \qquad (3-5)$$

式中　　d——井筒壁厚，m；

　　D_2——进水部分的井筒直径，m；

　　C_3——经验系数，砖砌为 0.1；石砌为 0.18。

混凝土井筒壁厚，按式（3-6）计算：

$$d=0.06D_2+C_4 \qquad (3-6)$$

式中　　C_4——经验系数，为 0.08~0.10；

　　其他符号同式（3-5）。

2）沉井法施工，在加重下沉的条件下，井筒壁厚可按经验数值选用。

钢筋混凝土井筒，井径不大于 4m 时，其壁厚一般上部 25cm，下部 35~40cm；井径大于 4m 时，上部 25~30cm，下部 40~50cm。多孔钢筋混凝土井筒，井深不得超过 14m，其壁厚可取钢筋混凝土井筒的最大值。

砖石加钢筋砌筑的大口井，井深一般不超过 14m，井径一般不大于 6m。其井筒壁厚，一般上部为 24~37cm，下部为 49cm。

（3）大口井的滤水结构。

1）井底进水的滤水结构。井底滤水结构也称反滤层，是防止井底涌砂的安全措施，一般可设 3~4 层，每层厚度一般为 20~30cm，总厚度为 0.7~1.0m。当含水层为粉细砂时，可设 4~5 层，总厚度可达 1.0~1.2m。当含水层为粗砂砾石时，可只设 2 层，总厚度可不超过 0.6m。

2）井底进水结构设计。大口井的进水结构设在动水位以下，其进水方式有井底进水、井壁进水和井底井壁同时进水。进水结构可根据设计出水量和水文地质条件确定。

井底反滤层，除卵石层不设外，一般设 2～5 层。每层厚 200～300mm。总厚度为 0.7～1.2m。靠刃脚处加厚 20%～30%。与含水层相邻的第一层的滤料粒径，按式 (3-7) 计算：

$$D_1 = (7 \sim 8)d_b \tag{3-7}$$

式中　D_1——与含水层相邻的第一层的反滤层滤料的粒径，mm；

　　　d_b——含水层的标准颗粒直径，mm。按表 3-4 选用。

表 3-4　　　　　　　　　　含水层标准粒径 d_b 值表

含水层岩性	d_b 值	含水层岩性	d_b 值
细砂或粉砂	d_{40}	粗砂	d_{20}
中砂	d_{30}	砾石、卵石	$d_{10 \sim 15}$

其他相邻反滤层的粒径，可按上层为下层滤料粒径的 3～5 倍选定。

设计渗透流速的校核，应满足式 (3-8) 要求：

$$V_a \leqslant V_2 \tag{3-8}$$

式中　V_a——上层滤料的设计渗透流速，m/s；

　　　V_2——上层滤料的允许渗透流速，m/s。

允许渗透流速 V_2 可按下列经验公式计算：

$$V_2 = a_1 K_D \tag{3-9}$$

式中　a_1——安全系数，一般取 0.5～0.7；

　　　K_D——上层滤料的渗透系数，无试验资料时，可参考表 3-5 选取。

表 3-5　　　　　　　　　各种粒径人工滤料渗透系数参考值

滤料粒径/mm	0.5～1	1～2	2～3	3～5	5～7	7～10
渗透系数 K_D/(m/s)	0.002	0.008	0.02	0.03	0.039	0.062

3) 井壁进水结构设计。井壁的进水孔应设在动水位以下，并应交错布置。砖石砌的进水井筒，可每高 1～2m 加高为 0.1～0.2m 的钢筋混凝土或混凝土圈梁。

a. 进水孔的形式。对直径较小、大开槽施工的砖石砌井筒，如是干砌可利用砌缝进水，筒外填以适宜滤料。如是浆砌砖石井筒，则可插入进水短管。对钢筋混凝土井筒，应在预制或现浇时，按含水层的粒径大小，留出不同形状和规格的进水孔。

一般当含水层颗粒适中（粗砂或粗砂含砾石）且厚度较大时，可采用水平孔或斜孔；当含水层颗粒较细或厚度较薄时，必须采用斜孔；当含水层为卵砾石层时，可采用直径 25～60mm 的不填滤料的水平圆形或圆锥形（里大外小）的进水孔。

b. 设计滤水面积的校核。

必须满足式 (3-10) 要求：

$$F \geqslant \frac{Q_0}{v_3} \tag{3-10}$$

式中　F——筒壁进水面积，m^2；

Q_0——大口井设计出水量，m^3/h，如为井底井壁同时进水，则为井壁分摊水量；

v_3——含水层的允许渗透流速，m/h。

对未填滤料的进水孔，其允许进水流速可按表 3-6 选用；对于填滤料者，则按式（3-11）估算：

$$U_s V_2 \leqslant a_1 b_3 K_D \qquad (3-11)$$

式中　b_3——考虑进水方向与筒壁的交角的系数。当交角为 45°时，$b_3 = 0.53$；当交角为 50°时，$b_3 = 0.38$；当交角为 90°时，$b_3 = 0.2$；

K_D——进水孔出口滤料的渗透系数，m/h。

表 3-6　　　　　　　　　　　　允许进水流速表

含水层渗透系数 $K/(m/d)$	允许入管流速/(m/s)	含水层渗透系数 $K/(m/d)$	允许入管流速/(m/s)
>120	0.03	21～40	0.015
81～120	0.025	<20	0.01
41～30	0.02		

c. 进水孔内充填的滤料一般为两层，总厚度与井壁厚度相适应。其粒径的选择方法与井底反滤层相同。大开槽法施工的进水井筒，其外围充填的滤料，应满足如下要求：①滤料高度应高于进水井筒顶部 0.5m；②滤料厚度一般为 20～30cm；③滤料规格按管井的有关规定确定。

3. 大口井井径、井深的确定

井径一般按设计出水量、施工条件、施工方法和造价等因素，进行技术经济比较确定，通常为 2～8m。井深松散地层中的大口井，其井深应根据含水层厚度、岩性、地下水埋深、水位变幅和施工条件等因素确定，一般不超过 20m。基岩中的大口井，应尽量将井底设在富水带下部。大口井出水量可按稳定、非稳定流公式计算。

4. 大口井施工

根据大口井设计的要求，参照表 3-7 合理选用。

表 3-7　　　　　　　　　　　　施工方法选择表

施工方法		施　工　机　具	适　应　地　层
大开槽法	人工开挖	起吊牵引运输机械、排水设备、混凝土搅拌、振捣机具	第四系松散层：含水层较薄、埋深浅
	爆破施工	爆破器材、运输机械、排水设备、护砌工具	基岩风化层
沉井法	排水施工	取土、运输和排水机具以及加压、防斜设备	第四系松散层：涌水量不大、流砂层较薄
	不排水施工	水冲排砂施工机械、冲抓锥和加压防斜设备	第四系松散层：涌水量较大、有厚流砂层

（1）大开槽法施工。大开槽法施工应尽量避免在雨季进行。施工场地要保证排水畅通；挖土边坡应根据土层的物理力学性质确定，弃土坡脚至挖方上口要有一定的距离；含水层部位的滤料围填应符合设计要求，回填土要有一定超高，冬季回填土中的冻土含量不得超过 15%；爆破施工时，必须严格执行《土方和爆破工程施工及验收规范》（GB 50201—2012）。

（2）沉井法施工。基槽应按稳定边坡开挖，易坍塌地层须挖成阶梯形。基槽底应挖至地下水位以上 0.5~1.0m，槽壁与井筒外壁的间距，一般为 0.6~0.8m。

浇注刃脚应选择在坚实土层上，否则要进行夯实或铺砂夯实处理。混凝土刃脚强度达到设计强度的 70％时，方可在刃脚上浇砌井筒。

井壁厚度允许偏差：钢筋混凝土和混凝土±15mm、砌石±30mm。

井筒下沉时，应保持平稳，随时观测，当发现位移或倾斜时，必须及时纠正，并在下沉过程中填写记录。

对钢筋混凝土和混凝土的施工要求，均参照《水工钢筋混凝土施工规范》（DL/T 5169—2013）的有关规定执行。

采取排水法人工施工时，沉井内的水位应随井筒下沉而下降，一般控制在开挖面以下 0.3m。井下挖土每次开挖深度以 0.3m 为宜。

采取不排水法施工时，在布设取土机械时，应注意防止井口地面的沉陷。

采用水力冲土机械时，应注意均衡对称。并将泥浆及时排出，同时回注清水，以保持水头压力。

（3）井壁进水孔和井底反滤层。井壁进水孔和滤层，必须按设计要求进行布设。在施工中要防止堵塞。而井底进水的大口井，其反滤层的层厚和滤料粒径，均应按照设计要求施工。滤层铺设前，必须将泥浆及沉淀物清除。

（4）试验抽水。竣工后应进行试验抽水，一般只做一次大降深抽水，稳定延续时间不少于 8 小时。

（5）成井验收。

1）井位、井深、井径及出水量应符合规划、设计要求。水质应符合用水标准。刃脚沉落在规定的土层上。

2）井底反滤层、井壁滤水结构等隐蔽部位应进行中间验收。

3）施工单位应提交成井结构图、地层柱状图，下沉、事故处理及隐蔽部位的验收记录，以及大口井配套和使用注意事项。

三、坎儿井

在我国农田水利工程中，开采利用地下水的水平集水工程种类较多，现仅对坎儿井作简单介绍。坎儿井是干旱地区开发利用山前冲洪积扇地下潜水，进行农田灌溉和人畜饮用的一种古老式水平集水工程。

1. 坎儿井的结构

坎儿井的供水系统一般是由竖井、廊道、明渠、涝坝（地面蓄水池塘）等 4 大部分组成，见图 3-9。

（1）竖井。竖井就是由地面向下垂直开挖的井筒，也称立井或工作井。竖井的作用，是在开挖坎儿井中可以用其定位、出土、通风。在坎儿井挖成之后，可用作进行检查、清淤、维修的出入通道。竖井布置，一般是沿坎儿井方向成串排列，并可分为上游、中游和下游三段。竖井间距，由下游到上游不断加大，一般下游为 10~30m，中游为 40~60m，上游为 80~100m。竖井深度由下游到上游不断加深，一般下游为 5~10m，中游为 20~40m，上游为 40~50m，个别最深者可达 70~100m。

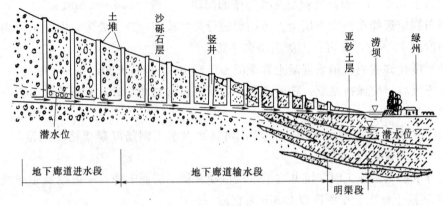

图 3-9　坎儿井结构示意图

（2）廊道。廊道就是地下渠道，也称暗渠。其作用就是截流输水，通水行人。廊道可分为截流段和输水段两部分。截水段一般较短为 50～300m，最长者可达 1000m，输水段一般较长为 3～5km，最长者可达 10km。廊道规格：廊道截面顶端一般为拱形，身部为矩形，拱高为 0.2～0.3m，身部一般宽 0.4～0.6m，高 1.4～1.6m，以便人员通过。廊道内的水深为 0.3～0.4m，其水流坡度为 1‰～5‰。廊道常用混凝土板或圆形及卵形混凝土管进行护砌，以防止渗漏和坍塌。

（3）明渠。明渠就是一般的地面输水渠道，其作用就是将廊道输出的地下水引入涝坝，一般当廊道深度小于 3m 时，为了减少掏挖困难，即可直接挖成明渠。

（4）涝坝。涝坝就是明渠末端的地面蓄水池塘，可起调节水量，提高水温的作用，由于涝坝多系调节昼夜水量，故容积一般不大，面积约为 1 亩左右，水深约为 1m 左右，四周围以土堤，并设有放水调节闸门，以利灌溉农田，也可作为当地居民的生活供水水源。

2. 坎儿井的主要特点

（1）坎儿井的主要优点。可以自流灌溉，不用动力，且水量稳定，水质优良，在气温较高，风砂较大的地区，由于坎儿井水行地下，所以可避免高温，减少蒸发并能防止风沙，同时坎儿井的施工设备比较简单，操作技术易为群众所掌握。挖成的坎儿井一般使用期限也比较长。在灌溉方面，因一条坎儿井即是一个水源，故配水用水均较方便。

（2）坎儿井的主要缺点。首先是布置零乱，占地较多且为人力施工，工效进度非常缓慢。其次未护砌的坎儿井在经过松散地层时渗漏损失非常严重，且经常发生坍塌，维修起来也非常费工。此外如果在坎儿井上游未建设闸门、在下游又未建设蓄水库时，则在冬闲季节的坎儿井便会发生浪费水量的现象，且常常造成下游灌区的盐渍化和沼泽化等灾害。

四、辐射井

1. 辐射井适用条件

（1）含水层埋藏浅、厚度薄、透水性强、有补给水源的砂砾石含水层。

（2）裂隙发育、厚度大（大于 20m）的黄土含水层。

（3）富水性弱、厚度不大（10m 以内）的砂层及黏土裂隙含水层。

2. 辐射井的结构类型

辐射井是由垂直集水井和水平集水管（孔）联合构成的一种井型。因其水平集水管呈辐射状故将这种井称为辐射井，其构造如图 3-10 所示。

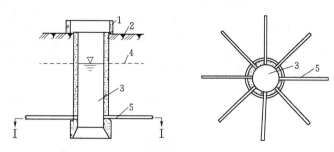

图 3-10　辐射井示意图
1—护墙；2—地面；3—集水井；4—静水位；5—辐射管

（1）垂直集水井。是与普通大口井形状相似的竖井，但集水井一般不需要直接从含水层中进水，因此，它的井壁和井底一般都是密封的。集水井的主要用途是在施工中用作安装集水管的工作场所，在成井以后，则用其汇集辐射管的来水，同时也便于安装水泵。集水井可用加筋砖砌筑而成，或用混凝土、钢筋混凝土现场浇筑而成，也可采用预制井筒建造而成。

（2）水平集水管（也称辐射管）。是用以引取地下水的主要设备。对一般松散含水层来说，目前多采用直径为 50～150mm 的带有进水孔缝的钢管。但对于坚硬的裂隙岩层来说，只要将含水岩层钻成集水孔就可以了，不需要再安装任何管材。在黄土类含水层中根据生产实践经验采用水冲钻法钻成长 100m 左右的集水孔后，只要在其出口处套入 10m 长的护口穿孔竹管，便能保证不塌孔，且能使辐射井施工方便，造价便宜，同时还能增大辐射井的出水量。因此，在黄土高原地区，辐射井得到了迅速的推广。

水平辐射管的长度，因受集水井直径不能过大的限制，通常都是制成 1～1.5m 长度的短管，以便分别压入或穿入集水孔内。每条集水管的总长度应视含水层的致密性及富水性不同而定，致密性及富水性大者总长宜短，反之，则宜长。目前在砂卵石层内多为10～20m 也有达数十米者，在黄土类含水层内多为 100～200m。

从立面布置上看，当含水层较薄且富水性较强时，一般应在集水井底以上 1～1.5m 处布设一层集水管。当含水层较厚且富水性较差时，则可布置 2～3 层，每层间隔3～5m 为宜。顶上一层集水管应保持在动水位以下最少应有 3m 水头。

从水平布置上看，对平原地区可均匀对称布设 6～8 根，对地下水坡度较陡的地区，在下游的集水管可以减少甚至可以不予设置。对汇水洼地，河床弯道以及河流侧岸等地区，则应向补给水源的一面延长，并加密集水管，以便充分集取地下水。辐射井的集水管平面布置及剖面布置见图 3-11 和图 3-12。

3. 集水井设计

（1）集水井井径和井深的确定。

井径根据含水层岩性、施工机具、安装要求等因素确定。一般不小于 2m。

井深取决于水文地质条件和设计出水量。井底应比最低一排辐射孔位低 1～2m。黄土塬区，塬下河谷阶地应保持水下深度 10～15m；塬区应保持水下深度 15～20m。

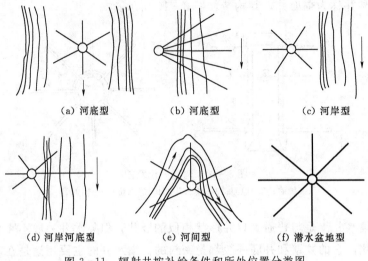

（a）河底型　　　　　　（b）河底型　　　　　　（c）河岸型

（d）河岸河底型　　　　（e）河间型　　　　　（f）潜水盆地型

图 3-11　辐射井按补给条件和所处位置分类图

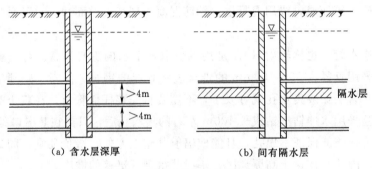

（a）含水层深厚　　　　　　　（b）间有隔水层

图 3-12　多层辐射管的辐射井示意图

（2）集水井的结构设计。

沉井施工法井筒的设计，可参照大口井设计的有关条款。

分节下管法的井筒结构，当井深小于 20m，可采用壁厚为 12cm 水泥砂浆砌砖预制井筒，且内外壁均用水泥砂浆抹面；井深 20～60m 时，砖砌预制井筒还需要用直径 4.0mm 的铁丝加固，也可采用预制的钢筋混凝土井筒。

漂浮下管法的井筒结构，当用 150 号混凝土预制井筒时，井深小于 20m 时，壁厚 12～15cm；井深 20～50m 时，壁厚 15～20cm；井深 50～80m 时，壁厚 20～25cm，配筋可按构造筋配置，一般 40m 以内的井可以不配筋或按施工需要配筋。

（3）封底。集水井一般应封底，但在黄土和黏土裂隙含水层中也可不封底。

4. 辐射孔设计

（1）辐射孔的布置。

集取河流渗漏水时，集水井应设在岸边，辐射孔伸入河床底部。

集水井远离地下水补给源时，迎地下水流方向的辐射孔宜长且密。

在均质、透水性差、水力坡度小的地区，宜均匀水平对称布置。

含水层厚度大、透水性较强的地区，可设多层辐射孔。

（2）辐射管（孔）的结构。砂砾层辐射管（孔）的直径，根据施工方法、含水层岩性和设计出水量选定。锤击法，宜用直径 $50 \times 6mm$ 钢管；顶管法，宜用直径 $75 \sim 200mm$、壁厚 $7 \sim 10mm$ 的钢管；套管水冲钻进法，宜用直径 $89 \sim 108mm$、壁厚 $4 \sim 6mm$ 的钢管。辐射管（孔）一般布设 $8 \sim 10$ 条，管（孔）长 $10 \sim 20m$。辐射管皆应按管井的滤水结构设计。

黄土含水层中辐射孔一般布设 $6 \sim 8$ 条，多为一层，孔长 $80 \sim 120m$，孔径 $120 \sim 150mm$。当含水层厚度大于 $20m$，且补给水源丰富或有相对隔水夹层时，也可布设两层。黏土裂隙含水层中辐射孔可布设 $3 \sim 4$ 条，孔径 $110 \sim 130mm$，孔长 $25 \sim 35m$。如含水层为砂黏互层时，一般布设 $3 \sim 4$ 条，孔径 $100 \sim 150mm$，孔长 $40 \sim 50m$。黄土及黏土含水层中的辐射孔，可不安装辐射管，但应安装护口管，长度不应小于 $5m$。

（3）辐射管（孔）允许最大进管流速按下列经验值选取：砂砾含水层 $3cm/s$；细砂层 $1cm/s$。黄土孔防冲流速为 $0.7 \sim 0.8m/s$；黏土层防冲流速 $0.7m/s$。

5. 辐射井出水量的计算

对辐射井出水量的确定方法，仍应以抽水试验资料为准，但在规划初期也可按下述等效大井法进行估算。此法是将辐射井化引为一虚拟大口井，其出水量与之相等。因而潜水完整辐射井的出水量可近似按式（3-12）计算：

$$Q = \frac{1.36 K S_0 (2H - S_0)}{\lg \frac{R}{r_f}} \qquad (3-12)$$

式中 Q——潜水完整辐射井的出水量，m^3/h；

K——含水层的渗透系数，m/d；

S_0——井壁外侧的水位降落值，m；

R——影响半径，m；

H——含水层厚度，m；

r_f——虚拟等效大井的半径，也称等效井的半径，m，可用下列经验公式确定：

$$r_{f1} = 0.25^{\frac{1}{n}} \cdot L \qquad (3-13)$$

$$r_{f2} = \frac{2 \sum L}{3n} \qquad (3-14)$$

式中 r_{f1}——等长辐射管情况的等效半径，m；

r_{f2}——不等长辐射管情况的等效半径，m；

L——等长辐射管的长度，m；

$\sum L$——不等长辐射管的总长度，m；

n——辐射管的根数。

关于辐射井的影响半径 R，也可近似按下列经验公式计算：

$$R = 10 S_0 \sqrt{K} + L \qquad (3-15)$$

式中 各符号意义与前相同。

如果当地有大口井的抽水试验资料，则辐射井的影响半径可近似为

$$R = R_0 + L \qquad (3-16)$$

式中 R_0——大口井的影响半径，m。

第三节　管井的成井技术

一、井孔钻进

钻机选择，应根据管井设计的孔深、孔径、地质及水文地质条件，并考虑道路、桥涵等运输因素，参照表3-8合理选用。

表3-8　　　　　　　　　　　常用钻机主要技术性能表

钻机类型	钻机型号	产地	钻孔深度/m	开孔直径/mm	适应地层
回转式	SPC-500	上海	600	500	松散层和基岩层
	SPJ-300	上海	300	500	
	红星-300	河南	300	560	
	8-300	河北	300	500	
	济宁-150	山东	150	650	黏性土和砂土类
	锅锥	河南	50	1100	
	QZ-200（反循环）	吉林	200	600	黏土、砂、卵砾石层
冲击式	CZ-22	山西	200	550	碎石土类和砂土类松散层
	NG-150	河北	150	500	
	CZZ-90（冲抓锥）	河南	50	1000	

不同介质的钻进方法与护壁如下：

松散层或基岩层，可采用正循环回转钻进；碎石土类及砂土类松散层，可采用冲击（抓）钻进；无大块碎石、卵石的松散层，可采用反循环钻进；岩层严重漏水或供水困难时，宜采用空气钻进；富水性差的坚硬基岩，可采用潜孔锤钻进。

冲洗介质应根据地质特点和施工条件等因素合理选用。一般在黏土或稳定地层，采用清水；在松散、破碎地层，采用泥浆；在严重漏失地层或缺水地区，采用空气。

在松散层钻进时，应采取水压护壁。一般应有超过静水位3m以上的水头压力。

基岩顶部的松散覆盖层或破碎岩层，宜采用套管护壁。

二、地层采样与编录

1. 松散层

（1）一般只采鉴别样，所采岩土样，应尽量符合原地层的颗粒组成。

（2）鉴别样的数量，每层至少有一个。含水层2~3m采一个，非含水层3~5m采一个，变层处加采一个。对不宜利用的含水层，可按非含水层的规定采样。当有较多钻孔资料或进行井孔电测时，鉴别样的数量可适当减少。

（3）探采结合井、试验井等应采颗粒分析样，在厚度大于4m的含水层中，宜每4~6m取一个；当含水层厚度小于4m时，应取一个。岩土样重量（干重）不得少于：砂1kg，圆（角）砾3kg，卵（碎）石5kg。

2. 基岩

（1）基岩岩芯采取率，完整基岩为70%以上；构造破碎带、岩溶带和风化带30%

以上。

（2）土样和岩样（岩芯）必须按地层顺序存放，及时编录和描述。土样和岩样（岩芯）一般保存至工程验收，必要时可延长存放时间。

（3）土的分类和定名标准，按照表3-9执行，土的野外定名可参考表3-10。

表3-9　　　　　　　　　　　　　　　土的分类和定名标准表

类别名称		定名标准
碎石土类	漂石	圆形及亚圆形为主，粒径大于200mm的颗粒超过全重的50%
	块石	棱角形为主，粒径大于200mm的颗粒超过全重的50%
	卵石	圆形及亚圆形为主，粒径大于20mm的颗粒超过全重的50%
	碎石	棱角形为主，粒径大于20mm的颗粒超过全重的50%
	圆砾	圆形及亚圆形为主，粒径大于2mm的颗粒超过全重的50%
	角砾	棱角形为主，粒径大于2mm的颗粒超过全重的50%

表3-10　　　　　　　　　　　　　　　土的野外定名方法

名称	鉴定方法
黏土	手搓时无砂粒感觉，能搓成直径小于0.5mm的长度；用刀切割有显著的平滑面；干燥后强度很大
亚黏土（砂黏土）	手搓时微有砂粒感觉，但仍以黏土为主；能搓成0.5～3mm短土条，用刀切割开始显有光滑闪光面；干燥后强度很大
亚砂土（黏砂土）	手搓时有多量砂粒感觉，能搓成3mm粗的短条，有时很难搓成条，饱和时有水渗出，容易压碎；在干燥的状态下也能成块，但松散易碎，在水中容易分解
黄土及黄（土质砂土）	手搓时感觉不出有砂粒，如面粉似的块状，易分解，大孔隙，肉眼可见
泥炭	手搓时腐烂厉害的泥炭则从手指缝中挤出，腐烂较轻的泥炭则挤出很少，手不污染；干燥时体积缩减甚剧，具有很大湿度
淤泥	形状和颗粒很像腐烂的泥炭，但含有矿物质，具有特殊气味和颜色，干燥后很硬
耕土	带有植物根茎的表土
人工土	含有建筑垃圾、破碎瓦块及其他杂物的表土

（4）土样和岩样（岩芯）的描述，按表3-11的内容进行。

表3-11　　　　　　　　　　　　　　土样和岩样（岩芯）的描述内容

类别	描述内容
碎石土类	名称、岩性、磨圆度、分选性、粒度、胶结情况和充填物（砂、黏性土的含量）
砂土类	名称、颜色、分选性、矿物成分、胶结情况和包含物（黏性土、动植物残骸、卵砾石的含量）
黏性土类	名称、颜色、湿度、有机物含量、可塑性和包含物
岩石类	名称、颜色、矿物成分、结构、构造、胶结物、化石、岩脉、包裹物、风化程度、裂隙性质、裂隙和岩溶发育程度及其填充情况

（5）土样和岩样（岩芯）的编录，内容包括采样时间、地点、名称、编号、深度、采样方法和岩性描述，以及分析结果。

（6）松散层中的深井、水质和地层复杂的井、全面钻进的基岩井，应进行井孔电测。

三、疏孔、换浆和试孔

（1）松散层中的井孔，终孔后应用与设计井孔规格相适应的疏孔器疏孔，达到上下畅通。

（2）泥浆护壁的井孔，除高压自流水层外，应破除附着在开采层孔壁上的泥皮。孔底沉淀物排净后，再逐渐稀释孔内泥浆浓度。一般要求达到出孔泥浆与入孔泥浆性能接近一致。

（3）下井管前，应校正孔径、孔深和测斜。井孔直径不得小于设计孔径 2cm；孔深小于百米，其偏差不得超过设计孔深的±20cm；井深等于或大于一百米时，其偏差不超过设计孔深的±2‰；孔斜必须满足设计要求。

四、井管安装

井管安装，简称下管。是管井施工中最关键最紧张的一道工序。常见的下管方法有以下两种。

1. 钻杆托盘下管法

该法适用于采用非金属管材建造的深井，因其易于保证井管下直，故使用较为普遍。钻杆托盘下管法如图 3-13 所示。其主要设备为托盘、钻杆、井架及起重设备。托盘如图 3-14 所示。

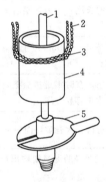 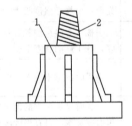

图 3-13　钻杆托盘下管法示意图　　　　　图 3-14　托盘示意图
1—钻杆；2—大绳；3—大绳套；4—井管；5—圆形垫叉　　1—托盘；2—反丝扣接头

钻杆托盘下管法的方法步骤如下：

第一步：将第一根带反丝扣接箍的钻杆与托盘中心的反丝锥形接头在井口连接好，然后将井管吊起套于钻杆上，徐徐落下，使托盘与井管端正连接在一起。

第二步：把装好井管的第二根钻杆吊起后放入井内，用垫叉在井口枕木或垫轨上将钻杆上端卡住，另用提引器吊起另一根钻杆。

第三步：将第二根钻杆对准第一根钻杆上端接头，然后用另一套起重设备，单独将套在第二根钻杆上的井管提高一段距离，拿去圆形垫叉，对接好两根钻杆。再将全部钻杆提起一段高度，并使两根井管在井口接好之后，即将接好的井管全部下入井内。第二根钻杆上端接头再用垫叉卡在井口枕木上，去掉提引器，准备提吊第三根钻杆上的井管，如此循环直至下完井管。

待全部井管下完及管外填砾已有一定高度且使井管在井孔中稳定以后，才允许按正扣方向用人力徐徐转动钻杆，使之与托盘脱离，然后将钻杆逐根提出井外。

2. 悬吊下管法

悬吊下管法主要适用于钻机钻进，并且是由金属管材（钢管或铸铁管）和其他能承受拉力的管材建造而成的深井。该法是用钻机的起重设备提吊井管，全部井管的重量是由钻塔承担的。该法具有下管速度快，施工比较安全，且易于保证井管下直等优点。悬吊下管法如图 3-15 所示。其主要设备有管卡子、钢丝绳套、井架和起重设备。管卡子及钢丝绳套，主要是起吊井管时用的，管卡子的构造如图 3-16 所示。

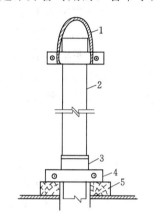

图 3-15　悬吊下管法示意图
1—钢丝绳套；2—井管；3—管箍；4—铁夹板；5—方木

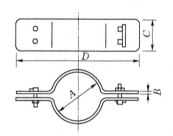

图 3-16　下管用管卡子

悬吊下管法的下管步骤较为简单，首先用管卡子将底端设有木塞的第一根井管在箍下边夹紧，并将钢丝绳套在管卡子的两侧，通过滑车将井管提吊起来下入孔内，使管卡子轻轻落在井口垫木上，随后摘下第一根井管的钢丝绳套，用同样的方法起吊第二根井管，并将第二根井管的下端外丝扣与井口处第一根井管上端管箍的内丝扣对正，并用绳索或链钳上紧丝扣，然后将井管稍稍吊起，卸开第一根井管上端的管卡子，向井孔下入第二根井管。按此方法直至将井管全部安装完毕。

五、管外填封

管外填封滤料必须按标准要求严格筛选，不合格的颗粒含量不得超过 15％。滤料除按设计备妥外，还要准备一定的余量。填砾的方法，一般采用循环水或静水填砾。填砾时必须连续、均匀、速度适宜，严防棚堵，及时测量填砾高度，核对数量，所填滤料应留样备查。填砾时，如发现滤料填入数量和高度同计划值出入较大时，应查明原因，妥善处理，并记录填入结果。不良含水层一般用黏土球封闭，要求较高时用水泥浆封闭。人畜饮水井井口段用黏土球封闭，其他井一般用黏土封闭。黏土球应用优质黏土制成，直径 25～30mm，以半干为宜。投入前，应取井孔内的泥浆做浸泡试验。黏土球的投入速度要适当。管外封闭位置上下偏差不得超过 30cm。

1. 管外围填

管外围填是指在下完井管以后紧接着向井管外壁与井孔内壁之间的环状空隙内围填滤料的这道工序。由于滤料一般多是选用砾石，故也常将围填滤料简称填砾。管外围填滤料的目的是利用填入的滤料在管壁与孔壁之间形成环状的人工过滤层，借以增大滤水管的进水面积，减少滤水管的进水阻力，防止孔壁泥沙涌进井内，从而起到增大水井出水量，减少井水含砂量和延长水井工程寿命的目的。

此外在进行填砾时，除应从井管四周均匀填砾外，并要经常量测填砾高度，检查其是否达到计划位置。不论井孔深浅，填砾必须连续进行，不能中途停歇，以免大小颗粒发生离析现象。

2. 管外封闭

管外封闭是指对井孔内未取用的含水层或井口管外的环形空隙用黏土球或水泥浆进行封闭以达到隔离止水目的的一道工序。通常都是与管外圈填料工序同时进行或交替进行的，管外封闭的目的是为了保证井水在水质、水量和水压上符合要求而采取的一种止水措施。由于有的含水层因污染而成为有害水层，故需要隔离。此外为了在井管外防止地表污水沿管外渗入井内或承压自流水沿管外涌出地表，也需要对井口管外部分的环状空隙进行严密的封闭，以确保成井质量符合标准要求。

六、洗井与抽水试验

试验抽水时，一般只做一次大降深抽水，水位稳定延续时间，松散层地区不少于 8h。基岩地区、贫水区和水文地质条件不清楚的地区，稳定延续时间应适当延长。如限于设备条件不能满足水量要求时，亦不应低于设计出水量的 75%。试验抽水终止前，应取水样进行水质分析。

洗井的质量规定如下：洗井时抽水应达到设计降深。洗井完毕后，井水含砂量应符合设计要求。洗井方法是指在完成围填封闭工序以后立即利用洗井机具对井孔进行冲洗的一道工序。通过洗井可以洗掉井底内的泥砂、孔壁上的泥皮以及井孔附近含水层中的细颗粒物质，从而使滤水管周围形成良好的反滤层，以便增大井孔周围含水层的透水性和增加水井的出水量。洗井的方法很多，最常见的有活塞洗井和空压机洗井，近年来二氧化碳洗井也已广泛采用。

七、成井验收

1. 水井验收的主要项目

（1）井斜。指井管安装完毕后，其中心线对铅直线的偏斜度。泵段以内顶角倾斜度：安装深井泵不得超过 1°；安装潜水泵不得超过 2°。

（2）滤水管位置。滤水管安装位置必须与含水层位置相对应，其深度偏差不能超过 $0.5\sim1.0m$。

（3）滤料及封闭材料围填。除其质量应符合规格要求外，围填数量与设计数量不能相差太大。一般要求填入数量不能少于计算数量的 95%。

（4）出水量。当设计资料与井孔钻井资料相符时，井的出水量应与设计基本相符。

（5）含砂量。井水含砂量，在粗砂、砾石、卵石含水层中，其含砂量应为 1/5000。在细砂、中砂含水层中其含砂量应为 1/5000~1/10000。

（6）含盐量。对灌溉井来说，如在咸水区建井，其井水的总含盐量不应超过 3g/L。对生活饮用水及加工副业用水的水质要求，除水的物理性质应是无色、无味、无嗅；化学成分应与附近勘探孔或附近生产井近似外，并应结合设计用水对象的要求验收。

（7）井底沉淀物厚度。应小于井深的 5‰。

2. 水井验收的主要文件资料

（1）水井竣工说明书。该文件是施工中的技术文件，应简要描述施工情况，变动设计的理由和基本技术资料：如井孔柱状图（其中包括岩层名称、岩性描述、岩层深度及厚度等），电测井曲线，钻孔及下管深度；井管和过滤器的规格及其组合；静水位和动水位；填砾及封闭的位置；水井竣工结构图，抽水试验资料和水质资料以及水井竣工综合图表等。

（2）水井使用说明书。该文件内容包括为防止水井结构的破坏和水质的恶化而提出的维护建议和要求；对水井使用中可能发生的问题提出维修方案和建议，并提出水井最大可能出水量和适用的提水设备等；管井配套和使用注意事项。

第四节　井灌区机井规划实例

某农区现状灌溉方式采用土渠灌溉，灌溉水利用系数很低，水资源不能有效利用。为改变土渠引水粗放的灌溉方式，提高渠系水利用系数，拟设计采用节水措施提高水资源利用率，灌溉水源依据当地的水文水资源条件拟开发利用地下水。本区地下水属松散岩类孔隙潜水。由于本区地下水水力坡度大，径流畅通，故排泄条件好。大面积的波状平原，同属一个水文地质单元。含水层的厚度和变化一般不是十分明显的，一般在 $70 \sim 100m$，单井出水量为 $40 \sim 80t/h$。单井涌水量一般在 $1000t/d$，个别孔大于 $1000t/d$。在水质上一般为可供饮用的淡水，水化学类型比较简单，以 $HCO_3 \sim Ca. Na$、$HCO_3 \sim Ca. Mg$ 和 $HCO_3 \sim Ca. Na. Mg$ 三种类型为主，矿化度一般为 $0.1 \sim 0.3g/L$，局部达 $0.6g/L$。

项目区耕地平整，已全部实现畦田化，田间道路和农田防护林已成型。现共有农田井 133 眼，其中机电井 25 眼，小土井 108 眼。机电井控制面积在 $80 \sim 160$ 亩，小土井控制面积在 $40 \sim 60$ 亩。由于大部分机电井的出水量和位置建设标准低，经调查现状 13 眼旧机电井可利用作为本项目区水源井，而小土井已经废弃不能使用，故本次设计利用旧机电井 13 眼，井深 $60 \sim 80m$，单井出水量为 $80m^3/h$，无配套井房。

根据项目区目前农业生产经验和自然地势条件，并参考项目区临近地区已建工程的经验，本次设计拟采用大型中心支轴式喷灌机和滴灌进行节水灌溉。根据项目区的布局和水土资源条件，拟安排建设的主要内容和数量如下：发展高效节水灌溉面积 16000 亩，其中大型指针式喷灌 15000 亩，滴灌 1000 亩。新打机电井 48 眼，利用旧井 13 眼，单井出水量为 $40 \sim 80t/h$。新建井房 61 处，其中喷灌区 56 座，单个井房建筑面积 $6m^2$；滴灌区 5 座，单个井房建筑面积 $12m^2$。井房均采用砖砌结构，地面以上采用 C15 混凝土抹面，房顶采用蓝色彩钢板。项目区共配套潜水泵 61 台，其中配套 200QJ63 - 72/6 潜水泵 2 台、200QJ50 - 65/4 潜水泵 2 台、200QJ63 - 60/5 潜水泵 32 台、200QJ80 - 54/3 潜水泵 20 台、200QJ50 - 52/4 潜水泵 5 台；配套水泵总功率为 $1091kW$。

本节仅对此项目区的机井工程规划部分进行阐述，使学生掌握井灌区机井规划的基本方法。灌区整体规划的有关方法及内容在相关课程中讲解。

一、机井设计

1. 井型和井深设计

根据《供水管井技术规范》（GB 50296—99）规定，管井深度设计，应参考项目区内机井位置地质剖面图，根据拟开采含水层（组、段）的埋深、厚度、水质、富水性及其出水能力等因素综合确定。本次设计采用混凝土管井，根据项目区所在位置及水文地质条件，要打到主要含水层，出水量满足单井设计要求，参考当地打井经验以及所提供的项目区附近的打井柱状图，最终确定机井深度为 70m 左右。

2. 井孔和井径设计

根据设计单井出水量、允许井壁进水流速、含水层埋深、开采段长度、过滤器类型及钻孔工艺等因素，参考实验井资料，采用内直径为 219mm 的混凝土管，根据含水层位置的不同，滤水管需要 60m 左右，分布在各含层水层间，需实管 40m 左右，其中井底部放 5m 实管作为沉浮管。井周围用黏土及砂砾石回填。滤料颗粒直径与滤水管孔隙尺寸相适应，一般采用大于 5mm 的砾滤料，井上部用黏土封闭井口，并采用预制钢筋混凝土井台，井盖封闭。

井孔直径应根据井管外径和一定的工作余度，加上填滤料的厚度，设计确定井孔直径为 300mm，滤料填充厚度为 40mm。采用缠丝填砾料。

3. 管井结构及技术要点

管井的结构形式主要分为井头、井身、进水部分和沉砂管 4 个部分，在对其设计时要考虑下列事项。①井头：管井接近地表的部分称为井头。井头要有足够的坚固性和稳定性，以防因受电机或水泵等的重量和震动而沉陷；井管要高出地面或泵房地板 0.3m 以上，以便于安装水泵和连接；井口周围半径不小于 1m 和深 1.5m 左右的泥土应分层回填并充分夯实，以免地面污水进入井内。②井身：通常将井头以下至进水部分的那段井柱称为井身。井身是不要求进水的，所以宜采用密实钢筋混凝土井管。③进水部分：进水部分就是需安装滤水管的那部分。滤水管采用缠丝混凝土管，缠丝滤水管是在井管上按一定规格打上或预留孔眼，一般孔隙率为 20% 左右，然后缠丝而成。滤水管的长度依据计划开采的含水层厚度确定，如果含水层集中，可装设一整段；如果在数层含水层中取水而各层之间又相隔较远时，则滤水管应对含水层分段装设。④沉砂管：沉砂管的作用主要为了在管井运行过程中，随水带进井内的砂粒（未能随水抽出的部分）沉淀在管内，以备定期清理。沉砂管采用密实钢管连接在滤水管的下端，其长度随含水层的厚度和其颗粒大小而定，如果所开采的含水层厚度较大或颗粒较细时，沉砂管可取长一些，反之则可短一些。为了增大井的出水量，将沉砂管设在下部的不透水层内。⑤过滤材料的选用：根据含水层的特性本次设计采用缠丝填砾料。

（1）水源井结构。根据项目区的水文地质条件及成井经验，设计水源井采用混凝土管井型式，井深 70m。滤料是根据含水层岩性特征进行设计，滤料的选取结合本地区实践经验而确定滤料粒径为 2～3mm，滤料粒径要求合理级配。

（2）井管外部封闭。滤料顶部至井口段，采用黏土封闭，剩余部分用黏土填实。井口周围也用黏土夯实，厚度为 300mm。井口用混凝土井盖封闭，井盖厚为 100mm，分 4 条浇筑，每条两侧设吊耳以利于抬起。

（3）成井工艺、洗井与抽水试验。采用冲击式钻进方法，黏土泥浆护壁，按照钻孔岩心及测井资料确定的地层情况及地下水位的埋藏条件，在相应部位下入对应的滤水管和井壁管。为了清除在钻孔施工中附在含水层的泥皮，成井后必须及时洗井，以达到水清沙净的效果。为满足供水需求，成井后进行一次最大降深的抽水试验。抽水试验时，做一次最大降深抽水水位稳定延续时间不少于 8h，水中含砂量应小于 1/2000000（体积比）。

4. 水源井出水量估算

根据已有水文地质资料和拟建机井设计深度，根据《机井技术规范》（SL 256—2000），供水井出水量采用潜水完整井单井用水量公式计算：

$$Q = 1.364k \frac{(2H-S)S}{\lg \frac{R}{r}} \qquad (3-17)$$

式中　Q——管井出水量，m^3/d；

　　　H——水源地含水层厚度，35m；

　　　k——渗透系数，15m/d；

　　　R——影响半径，采用《喷灌设计手册》中提供的公式 $R = 2S\sqrt{Hk}$；

　　　S——实测水位降落深度，4~6m；

　　　r——设计井内半径，0.175m。

经计算，单井出水量为 50~80 m^3/h。

二、单井控制灌溉面积

设计依据行业标准《机井技术规范》（SL 256—2000）第 2.4.5 条，单井控制灌溉面积按式（3-18）计算：

$$F_0 = \frac{QtT\eta}{m} \qquad (3-18)$$

式中　F_0——单井控制灌溉面积，亩；

　　　Q——单井出水量，m^3/h；

　　　t——灌溉期间每天开机时间，18h；

　　　T——每次轮灌期天数，d；

　　　η——灌溉水利用系数，η 取 0.85；

　　　m——每亩每次综合平均灌水定额，$m^3/$亩。

通过计算，出水量 80 m^3/h 的水源井灌溉周期内可控制喷灌面积 323 亩，可控制滴灌面积 408 亩；出水量 50 m^3/h 的水源井灌溉周期内可控制喷灌面积 202 亩，可控制滴灌面积 255 亩。

三、合理井距及井数的确定

1. 井数确定

需水量小于允许可采量时计算公式为

$$n = F/F_0 \qquad (3-19)$$

式中　n——项目区灌溉需要井数，眼；

　　　F——灌溉总面积，亩；

　　　F_0——单井控制面积，亩。

根据项目区内灌溉面积和单井控制面积计算，项目区内共需要水源井 61 眼。

2. 井距确定

该区地下水补给比较充足，地下水资源比较丰富，可开采量占补给量的比例较小，故采用方形布井，井间距按式（3-20）计算确定：

$$L = 25.8(F_0)^{1/2} \qquad (3-20)$$

式中　L——井距，m；

　　　F_0——单井控制灌溉面积，亩。

通过计算，确定井距范围应在 $367 \sim 521$m 之间。

四、井房设计

本次设计由于可利用旧井无配套井房，所以本次设计为了保护配电设备、水泵和滴灌工程首部系统的正常工作，每眼机电井建一机电管理泵房。喷灌井房设计面积为 6m^2，地面以上尺寸为：长×宽×高 3m×2m×2.5m；滴灌区井房设计面积为 12m^2，地面以上尺寸为：长×宽×高 4m×3m×3.8m。井房采用砖砌结构，地面采用 C15 混凝土抹面，房顶采用蓝色彩钢板。井房结构图见图 3-17 和图 3-18。

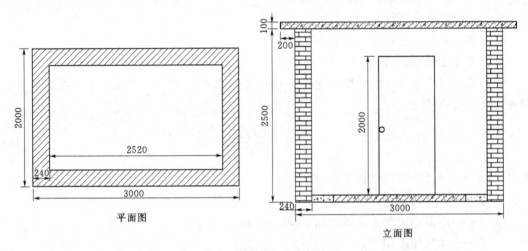

图 3-17　喷灌区井房结构图

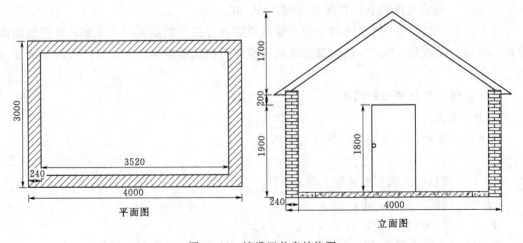

图 3-18　滴灌区井房结构图

思 考 题

3－1 简述地下水的类型、概念、特点及其适用的勘查方法。

3－2 地下水主要的勘查方法有哪几种？简述它们找水的基本原理及使用范围。

3－3 简述地下水取水工程的种类及概念。

3－4 简述管井、大口井、坎儿井、辐射井的概念及其适用条件。

3－5 简述管井成井技术的步骤。

3－6 回答管井滤水管的概念、设计管井滤水管的基本要求及滤水管的结构类型。

3－7 某一拟规划井灌区，地下水属松散岩类孔隙潜水。水位埋深30m，含水层的厚度为65m，拟确定井深100m的完整井。渗透系数为15m/d，实测水位降深5m，井的内径为0.219mm，求水井的出水量。

第四章 草地需水量与灌溉制度

第一节 草地灌溉特性及管理技术

我国的绝大部分草原位于干旱、半干旱的内陆区，由于天然降水不足和时空分布不均，水成为牧草生长的一个重要限制因素。灌溉可补充天然水分的不足，改善牧草生长的生态环境，结合灌水进行合理施肥，可为牧草正常生长及促进丰产创造良好的条件。据调查我国现有草地水分生产率多为 $0.3\sim0.6\mathrm{kg/m^3}$，在这种情况下通过实施一系列节水灌溉技术及水草资源可持续利用技术，对提高我国牧区水资源的利用效率和草地资源的可持续生产能力，促进草地增产和草地畜牧业的可持续发展具有重要意义。

一、草地灌溉的特性

1. 牧草生理特征及与农作物的差异

草地灌溉对象主要为人工牧草。人工牧草对土壤水的敏感性弱于农作物，能够在水源缺乏、管理粗放及生产条件差的地区繁衍。对于多年生牧草，当过了牧草生长旺盛年限，牧草本身生理机能衰退，需水量也相应下降，这是由于牧草长期在野生环境磨炼，导致牧草分蘖繁殖能力强、耐贫瘠、根系发达和抗逆性强等特点。

人工牧草需水的另一特点是水分生产率较低，即在同样条件下，当生物学产量大体相当时，牧草的水分消耗比农作物大。这是由于牧草长期生长在土壤贫瘠、气候干旱、农技措施粗放和自然条件较差的地区，经漫长的进化形成的生物学特性所决定的。天然牧场的耗水规律比农作物要复杂得多，天然牧场的植被是由多种植物所组成的牧草群落。随地理位置、海拔高度、土壤理化特性、降水、光照及温度等环境因子的不同，群落也千差万别。在不同的群落中，各种植物占有不同的生态位，加之群落之间的相互入侵，形成极其复杂的植物类群。在某一类群中各植物因种间竞争、共生等影响，其生长发育也不相同。

2. 产量结构目标及与农作物的差异

牧草产量目标是通过水分调控以及其他农技措施使干物质产量（主要是茎叶产量）达到最高，而农作物的产量目标是达到最高经济学产量，即籽实产量，这便是两者的显著区别，故导致灌溉管理不同。在牧草的需水临界期和高峰阶段，满足需水要求，达到多分蘖、早拔节、叶量大、产量高的群体丰产结构水平，是牧草灌溉的目的。

多年生牧草有一定的生长年限，若超过了牧草生长旺盛年限，随着牧草生理机能的衰退，产量随之下降，其灌溉管理也因此而发生变化。例如披碱草低水分灌溉 3 年之后或高水分灌溉两年之后，产量开始衰减，第 4 年的产量仅为最高年份的 $50\%\sim75\%$，故其耗水量也随之大幅度减少。

二、草地灌溉管理主要技术

饲草料作物在生长过程中要求有一定的水分供应，为了保证饲草料稳产高产，可以通过灌溉补充天然降水不足，但是植物生长是多种因素共同作用的结果，必须综合采用有效的农牧业增产技术，才能充分发挥灌溉的增产作用。

1. 土壤水分优化管理技术

土壤水分优化管理技术是通过优化灌溉制度来提高牧草水分利用效率。首先必须建立牧草产量与水分的关系。试验表明在其他条件（如种植措施，土壤条件）不变的情况下，牧草产量与耗水量呈二次抛物线关系。由图 4-1 可知牧草的单位产量随耗水量的增加而增加，但是从图 4-2 可知边际产量（dy/dm）（指增加一单位生产要素所增加的产量，而在水分管理中，指增加灌溉水量后作物产量的增加）随灌溉水量增加呈减小趋势。

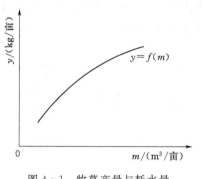

图 4-1　牧草产量与耗水量

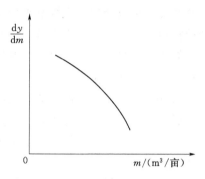

图 4-2　牧草边际产量与耗水量

根据二次曲线的特性，当 dy/dm＝0 时，y 有最大值，即产量达到最大，而该产量条件下的灌溉水量（m）为最大灌溉水量。如果以此时的耗水量制定灌溉用水计划，将获得灌溉面积最高总产量。但是当产量达到一定范围后，增加灌溉水量，产量增加并不明显，即边际产量很低。所以，当水资源不足时，一般不追求产量最高，而采取非充分灌溉，把这些水用于灌溉其他的草地，会增产更多。故为了最优利用水资源，不应追求最大产量时的灌溉定额，而应考虑经济灌溉定额，即取得纯收益最大时所投入的总灌水量。所谓经济灌溉定额，是在影响牧草生长的其他因素都一致的情况下与牧草生育期内未灌溉或最小灌溉定额相比较，所获纯收益最大的灌溉定额，即增加单位水量纯收益相应增加最高的灌溉定额。

2. 农牧业结构优化技术

农牧业结构优化技术指通过优化农牧业生产区域布局、产业结构和种植业结构，以减少高耗水农作物种植面积，节约水资源，增加饲草料的有效供给，扩大养殖规模。考虑到北方农牧业交错区因林草植被覆盖度低，生态环境恶劣，以及现有畜牧业规模等实际情况，基于土壤肥力水平与水分转化效率相关性显著的特点，在广泛调查、定位研究及不增加耕地面积的基础上，通过调整种植业结构，适当增加适应干旱半干旱气候、土壤条件，且具有广泛生态适应性和稳定生产力、耗水系数较低的多年生豆科牧草——紫花苜蓿，促进畜牧业生产。通过苜蓿等豆科牧草的固氮作用，以及畜牧业特有的副产品——有机粪肥，集中地向田间转移，配合以磷、钾等沉积性矿质营养的人工添加，强化农牧结合与土地用养结合。以农养牧，兴牧促农，培肥地力，开发降水生产潜力，形成"草—畜—粪—粮"的良性物质循环体系，确立富有农牧交错特色，生态效益好，社会经济效益高，性能稳定的节水型农牧业生产结构。

3. 平衡施肥及水肥耦合技术

平衡施肥是指依据植物所必需的各种营养元素，进行均衡供应与调节，以满足植物生长发育的需要，从而充分发挥植物生产潜力及肥料的利用效率。据研究，每一种必需的营养元素，在植物生长和发育中具有其特定的功能，它们相互之间是不可替代的，缺乏其中任何一种，则使植物生长异常或受限，表现出缺素症状。强调平衡施肥是因为不同营养元素之间有相互促进作用和拮抗作用。当一种元素得到适当的供应时，常常会增加另一元素的吸收利用。

另外营养元素供应合理，可缓解水分胁迫造成的不良影响。缺氮的植株气孔不能像供氮适量的植株自如开闭，所以当土壤干旱时，缺氮植株水分损失高于供氮适量的植株。当土壤含水量处于最佳状态时，供氮适量的植株蒸腾速率明显提高，为光合作用提供了更好的环境条件。当土壤含水量小于12％时，供氮适量植株的蒸腾速率迅速降低，以减少体内水分损失，而缺氮植株的反应没有那么灵敏，蒸腾速率缓慢地减小，对保持体内必要的水分不利。当肥料供应适当时，能提高叶片中叶绿素含量，使叶片的束缚水含量增加，从而提高了植物的抗旱性。当然，供肥过量也不利于植物的抗旱。

4. 深耕保墒技术

深耕（松）技术是旱作农业中应用较广泛的一种农业节水措施。就是通过耕、耙、糖、锄、压等一整套有效的土壤耕作措施，改善土壤耕层结构，形成了深厚的耕作层，更好地纳蓄雨水，提高土"水库"蓄水能力，扩大了营养范围，尽量减少土壤蒸发和其他非生产性的土壤水分消耗，为植物生长发育和高产稳产创造一个水、肥、气、热相协调的土壤环境，从而促进作物增产。据研究表明，旱地黄花苜蓿播前深耕可增产30％～50％，灌溉土壤苜蓿深耕可节水20％～30％。

深耕可以多蓄水，熟化土壤，从而达到增产的目的，但耕翻多深，要视具体情况而定。总结各地经验，一般以25cm左右为适度。原来耕层较薄的地区，在深耕时一次不能将深层土翻上来太多，以免因肥力不均或下降而使产量降低。对于耕层较厚，有一定肥力基础的土壤，在加深耕层的同时要增加施肥数量，耕翻可以适当深些。

总之在水资源严重短缺的北方牧区及半农半牧区，通过及时深耕、耙糖、中耕等措施，可以起到蓄水保墒、贮盈补缺，缓解自然降水与植物需水规律不吻合的矛盾，从而提高降水和灌溉水利用率，保证植物有一个较好的水分供应条件，使人工牧草高产稳产。

5. 化控节水应用技术

化控节水技术是利用化学物质调控土壤和作物的水分状况，以达到提高土壤保水、抑制土壤蒸发、防止渗漏、减少植物奢侈蒸腾，进而实现节约供水和高效利用降水的一种新型节水技术。主要有保水剂应用技术与抗旱剂应用技术。保水剂又称土壤保水剂、高吸水剂、保湿剂、高吸水性树脂或高分子吸水剂等，是利用强吸水性树脂制成的一种超高吸水保水能力的高分子聚合物。它能迅速吸收和保持比自身质量高几百倍甚至上千倍的水分，而且具有反复吸水功能，吸水后膨胀为水凝胶，可缓慢释放水分供作物吸收利用，由于分子结构交联，能够将吸收的水分全部凝胶化，分子网络所吸水分不能用一般物理方法挤出，因而具有很强的保水性。无毒、无刺激性，使用安全，用途广。

6. 饲草料地保护性耕作技术

保护性耕作措施包括沟垄耕作法、水平沟、深耕（松）、植物带状种植和覆盖耕作等。在易发水土流失的坡耕地上，采用上述措施的基本原理是基于增加地表粗糙度，改良土壤结构，提高土壤肥力和透水贮水能力；增加地膜覆盖度，就地拦截风雨，减少地面风速，增加地表水的入渗时间，防止径流的发生，减少土壤流失和风蚀，从而达到保水保土、培肥地力和持续增产的目的。

7. 立体种植技术

立体种植体是一种节地、节水、节能的资源节约型种植结构。生态立体结构是通过调控田间生物种群，使单一的田间植物层变为多层次的复合体。不同种群生物的叶片和根系充分占有空间，从而使有限的光、热、水、肥和二氧化碳等自然资源得到充分利用。

第二节　牧草水分生理生态特性

水分是牧草维持生命活动的重要因素，牧草各个生育阶段要求根系活动层保持适宜的土壤水分。在土壤水、肥、气、热协调状况下，水分才能把土壤中养分输送到牧草植株地上各部分，供给光合作用等生命活动。而叶片制造的养分，也是通过水分运往牧草的各部位。如果土壤过湿，通气性差，不仅影响牧草根系吸收养分，也影响土壤中有机物质分解；若土壤过干，不能满足植株对水分的要求，致使植株正常的生命活动受阻。因此保持适宜的土壤水分对促进牧草的生长发育、改善饲草料品质十分重要。

一、牧草水分生理特性

1. 水分对牧草生长的作用

牧草依靠根压（根系吸水的原动力）、蒸腾拉力（叶片失水的被动力）及导管内水分子的内聚力，使水在体内形成连续水流，使叶片的水分散失与根系吸水形成一个相互依存的动态平衡系统。正是这个持续水流的存在，使牧草体内的水分总是处于不断的新陈代谢过程。牧草正常的生理活动就是在不断的吸水、传导、利用和散失中进行。水与牧草的生长发育极为密切。水对牧草的生理生化作用概括有以下几点：①水是牧草光合作用的原料之一；②水是牧草代谢作用的物质；③水是细胞原生质的主要成分；④水可以维持细胞膨压，保持牧草形态；⑤水能够调节牧草的体温；⑥水具有调节牧草生活环境的能力。综上所述，水在植物生理活动中起着极其重要的作用，要维持牧草的正常生长，就必须满足其对水分的要求。若水分缺乏，植物的正常生命活动就不能保证。

2. 水分胁迫对牧草生长的影响

我国有 60% 的地区降水量不足 500mm，而草原又集中分布在降水量不足 350mm 的西北干旱地区，生态环境十分脆弱。长期干旱环境，虽增加了牧草抗御干旱的能力，但其正常的生长发育只有在充足的水分供应下才能完成。

水分胁迫是指草场在减少灌溉条件时，在长期无雨和地下水补给不足的情况下，土壤有效水分的供给不能满足牧草正常生长发育的水分消耗，并导致牧草受旱的一种现象。而水分胁迫将对牧草生理、生长等具有较大的影响。

二、牧草水分生态特性

在地球某一特定范围内，存在着具有一定相似之处的生物群落（常被称作群落），这些在一定程度上具有自动调整能力的有界、相似的生物群落与所处环境条件共处且相互作用的系统称为生态系统。地球上的整个生物圈是一个特大的生态系统，它可分为海洋、森林、草原、沙漠、农田等系统，子系统还可再继续分割下去。

陆地生态系统各子系统的净生产力有很大差异。一般沙漠的净生产率（干物质产量）小于 $0.5g/(m^2 \cdot d)$；荒漠草原不足 $1g/(m^2 \cdot d)$，草甸草原为 $2\sim3g/(m^2 \cdot d)$，森林为 $3\sim10g/(m^2 \cdot d)$，栽培地（农田及人工栽培的饲草料地）为 $10\sim25g/(m^2 \cdot d)$。草原生态系统的能量和物质通常取决于第一性生产力（即光合作用）的大小和灾变的危害程度，而第一性生产力对生境有较强的依赖性。生境是指植物或群落生长的具体地段的环境因子的综合。草地生态系统（含天然、人工草场及饲草料栽培地）的环境因子可分解为光、热、水、肥、气及机械力，其中以水因子最为活跃，也较易被人类所改变。水因子在草地生态系统中，不仅影响着牧草的生理生化功能，也有着相依、相溶、适应、淘汰等生态功用。

第三节　草地需水规律与需水量

草地需水量指在一定自然、耕作条件下，牧草正常生长发育所消耗于叶面蒸腾和棵间蒸发两者水量的总和，是人工牧草需水量和天然草场需水量的统称。它包括牧草可能利用的土壤水、降雨以及灌溉水。

一、牧草需水量基本概念及影响因素分析

1. 草场水分消耗途径

草场水分消耗主要由植株蒸腾、棵间蒸发和深层渗漏组成。

（1）植株蒸腾。植株蒸腾是指植物根系从土壤中吸入体内的水分，通过叶片的气孔扩散到大气中去的现象。试验证明，植株蒸腾要消耗大量水分，植物根系吸入体内的水分有99%以上消耗于蒸腾，只有不足1%的水量留在植物体内，成为植物体的组成部分。植株蒸腾过程是由液态水变为气态水的过程，在此过程中，需要消耗作物体内的大量热量，从而降低了作物的体温，以免作物在炎热的夏季被太阳光所灼伤。

（2）棵间蒸发。棵间蒸发是指植株间土壤或水面的水分蒸发。棵间蒸发和植株蒸腾都受气象因素的影响，但蒸腾因植株的繁茂而增加，棵间蒸发因植株造成的地面覆盖率加大而减小，所以蒸腾与棵间蒸发两者互为消长。一般植物生育初期植株小，地面裸露大，以棵间蒸发为主；随着植株增大，叶面覆盖率增大，植株蒸腾逐渐大于棵间蒸发；到植物生育后期，植物生理活动减弱，蒸腾耗水又逐渐减小，棵间蒸发又相对增加。

（3）深层渗漏。深层渗漏是指草地中由于降雨量或灌溉水量太多，使土壤水分超过了田间持水率，向根系活动层以下的土层产生渗漏的现象。深层渗漏对植物来说是无益的，且会造成水分和养分的流失，合理的灌溉应尽可能地避免深层渗漏。

在上述几项水量消耗中，植株蒸腾和棵间蒸发合称为蒸腾蒸发，两者消耗的水量合称为蒸腾蒸发量，通常又称为植物需水量。蒸腾蒸发量的大小及其变化规律，主要决定于气

象条件、植物特性、土壤性质和农业技术措施等。渗漏量的大小主要与土壤性质、水文地质条件等因素有关，它和蒸腾蒸发量的性质完全不同，一般将蒸腾蒸发量与渗漏量分别进行计算。就某一地区而言，具体条件下牧草获得一定干物质产量时实际所消耗的水量为牧草耗水量，简称耗水量。所以需水量是一个理论值，又称为潜在蒸散量（或潜在腾发量），而耗水量是一个实际值，又称为实际蒸散量。需水量与耗水量的单位一样，常以 m^3/hm^2 或 mm 表示。

2. 牧草需水量的影响因素分析

影响牧草需水量的因素可概括为气象因素与非气象因素（包括土壤条件、植被覆盖度、水文地质、灌溉方式、农业技术等）两大类，下面分别叙述这两类因素的影响。

（1）气象因素。当土壤水分未成为牧草生长的限制因子时，蒸腾蒸发作用的强弱取决于气候条件。即气温、湿度、风速、日照和辐射等气象因素的综合作用。表 4-1 列出了内蒙古某地不同气候条件下人工牧草的需水量资料，一般规律是，湿润年的需水量较干旱年低；气候干旱，气温越高，日照时数越多，相对湿度越小，且多风，牧草需水量就大；反之就小。

表 4-1　　　　　　　　　不同气候条件对牧草需水量的影响

牧草	试验年份	水文年型	生育期气候指标						灌溉定额 /(m³/亩)	需水量 /mm	需水系数 /(kg/kg)	产草量 /(kg/亩)
			日均气温 /℃	水面蒸发 /mm	日照时数 /h	相对湿度 /%	平均风速 /(m/s)	降雨量 /mm				
披碱草	1981	湿润	18.2	1131	1131	51.7	0.80	310.5	316	647	398.1	1100
	1982	干旱	14.2	1377	1002	41.6	0.83	118.5	427	675	409.1	1100
	1983	中等	16.0	1356	1023	46.2	0.89	159.0	367	672	426.7	1050
苜蓿	1981	湿润	18.5	1107	943	52.4	0.78	310.5	337	598	501	795
	1982	干旱	14.1	1360.5	957	42.7	0.84	100.5	352	613	481	850
	1983	中等	16.0	1354.5	1002	44.3	0.80	126.0	309	583	486	800
苏丹草	1981	湿润	11.4	1383	1012	54.1	0.79	339.0	233	546	364	1000
	1982	干旱	15.9	1485	931	45.8	0.58	108.0	372	648	432	1000
	1983	中等	15.2	1272	1224	49.7	0.71	198.0	331	580	393	984

（2）非气象因素。牧草生长状态和需水量的关系。人工牧草群体动态指标主要用叶面积指数和茎叶比值表示，蒸腾量大小除受气象条件、牧草需水特性、生育期长短影响外，主要受叶面积大小影响。叶面积指数越大，蒸腾量越大。据在干旱荒漠草原的试验可知，披碱草、苏丹草生长至抽穗期，苜蓿生长至花期—结荚期，对于高产水平披碱草需水量为720mm，叶面积指数可达4.5，茎叶比为1.4/1；苏丹草需水量为585～600mm，叶面积指数可达8.1，茎叶比为2.6/1；苜蓿草需水量为570～585mm，叶面积指数可达11.9，茎叶比为1.5/1。水量再增加时，产量降低，茎叶比增大，草质变劣。研究结果表明，在单位能量一定的外界条件下，叶面的蒸腾量达到了上限，叶面积达到较大值，继续增加水量，叶面积指数却不再增加。因此通过灌溉及农作措施，尽量达到叶面积指数最大值和较小茎叶比，以获得最高产量。

其他因素对牧草需水量的影响。土壤种类、结构、肥力和灌溉技术以及农业措施，对牧草需水量都有很大的影响。一般较肥沃的黑土保水性能强，需水量小，而轻质土壤地区需水量大。深耕与中耕可以增强土壤孔隙度与保水性，削弱毛管水运动，减少土壤蒸发。不同灌水技术情况下的牧草需水量也有所不同。根据甘肃省水利厅在夏河天祝与水利部牧区水科所在内蒙古某地试验资料，相近产量情况下，喷灌需水量较畦灌少。

由上可知，影响牧草需水量的因素很多，所以确定牧草需水量是一项较为复杂的工作，但各因素与需水量之间有一定关系，为计算需水量提供了一定的理论基础。

二、人工草地需水规律与需水量

1. 人工牧草的需水特点

人工牧草是经过人工培育、训化、种植的草地。但由于牧草与农作物生理机能和产量结构目标有本质区别，因此形成了牧草需水的特点。

（1）因牧草长期在野生环境中生长进化，具有耐贫瘠、根系发达、繁殖力和抗逆性强等特点。对水的敏感性较农作物弱，这就使得牧草便于在水源短缺、劳力不足、生产条件差的牧区繁衍。

（2）牧草的产量目标是通过灌溉和农业技术措施使其达到最高的生物学产量，主要是茎叶产量。因此，在牧草的需水临界期和高峰阶段应满足其需水要求，达到多分蘖、早拔节，叶量大、产量高的群体丰产结构水平。这是研究牧草需水量与灌溉的根本所在。

（3）多年生牧草随着生长年限增加，产量会发生衰减。也就是说种植年限过长时，即使满足了牧草的需水要求，也会由于牧草本身生理机能衰退，产量在逐年下降。水利部牧区水科所通过试验证实，禾本科牧草生长旺盛期一般为3～4年，豆科牧草为4～5年。灌溉管理应注意到这一特点。由图4-3可知，披碱草低水分灌溉3年后或高水分灌溉两年后，产量开始衰减，第4年的产量仅为最高年份的50%～75%，故其耗水量也随之大幅度减少。

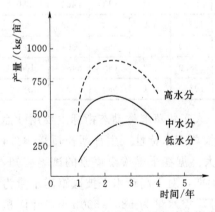

图4-3　多年生披碱草产量衰减曲线

（4）牧草需水量较大。由于牧草生长的环境条件较差，加之牧草自身生理特性要求，需水量比农作物大。即使在同样条件下，当产量（生物学产量）大体相当的情况下，牧草需水量也比农作物大。

2. 人工牧草的需水规律

牧草的需水规律指牧草各生育阶段需水量的变化规律。掌握这一规律的目的是合理确定灌溉制度，更好地发挥灌溉增产的作用。牧草需水情况因牧草种类、不同生育期、不同地区、不同气候条件而异。

（1）不同牧草种类需水规律不同。不同种类的牧草，其形态和生理构造及生长期均不相同。凡生长期长、叶面积大、生长速度快、根系发达的牧草，需水量较大；反之需水量较小。一年生和多年生、豆科和禾本科、单播和混播需水情况各不相同，就是同一种牧草不同品种之间需水量也有差异。

（2）不同牧草发育阶段需水规律不同。一般是生育前后期需水较少，生育中期需水多。牧草全生育期一般有两个需水关键时期，一个是需水临界期，即缺水对牧草生长发育和产量影响最大的生育阶段，另一个是需水最大效率阶段，即牧草对水分利用效率最高的生育阶段。不同牧草的需水关键期也不相同，例如，对于多年生的禾本科牧草，由于产量目标是获取茎叶最高产量，这就要求有足够的分蘖数（包括有效和无效）和最大拔节高度，所以牧草的需水临界期在分蘖初期，需水最大效率期在拔节到抽穗期。豆科牧草需水临界期一般在分枝初期，需水量最大效率期为初花期。

（3）不同自然条件牧草需水规律不同。牧草生长地区的气象条件如气温、湿度、日照、太阳辐射、风速等气象因素，对牧草的需水量都有影响。当气温高、日照强、空气干燥、风大时需水量较大，反之则小。就地区而言，气温低、相对湿度大的地区需水较小，反之则大。就水文年份来说，一般是旱生年的需水量大于湿润年的需水量。

上述因素的差异，都将使牧草的需水量因年份不同而有所变化，然而表现在各个生育期的需水量、棵间蒸发量与叶面蒸腾均有一定的规律，据水利部牧区水利科学研究所的人工牧草灌溉试验可知，披碱草、苏丹草、苜蓿三种牧草的需水过程均呈抛物线型（图 4-4）。披碱草、苏丹草的需水峰值在拔节期，苜蓿以分枝—开花期为显著。

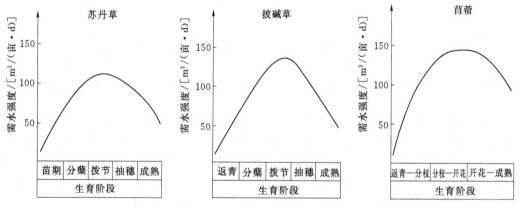

图 4-4　3 种牧草需水过程示意图

3. 几种典型一年生及多年生人工牧草需水规律及需水量

（1）苏丹草。苏丹草耐旱性很强，然而不能忍受过分湿润的条件，特别是热量不足时，会显著影响其产量。在内蒙古某地栽培的苏丹草一般 5 月上旬播种，5 月下旬出苗。在苗期生长缓慢，叶面积小，蒸腾量少，需水较少，需水强度为 3.3mm/d，需水模系数仅为 15.7%。在分蘖—抽穗期，气温相应增高，在水分充足供给下，生长迅速，产量（积累）形成较快，故苏丹草在此时期形成了需水高峰期，持续时间约 50d，需水强度变幅为 7.1~9.4mm/d，尤以拔节期需水最多，在此期间虽短（仅 15d 左右），但需水量却占总需水量的 25%，需水强度最高值为 10.8mm/d。故这时对土壤水分含量要求较高。从抽穗起，其生理机能减弱，加之进入雨季，故从此期开始需水量显著减少，成熟期的需水模系数仅为 12.8%。

（2）多年生禾本科牧草。由于其根系发达，叶量丰富，一般耗水量都较大。在内蒙古某地栽培的披碱草需水量为 502.5~669mm，需水系数为 400~800mm。需水量的变化主要取决于不同水文年份及牧草生长年限，干旱年的需水模系数比湿润年的大，并随着生长年限的不同，需水量不断变化（图 4-5）。

在牧草生育初期，气温较低（多年生牧草一般在 4 月中、下旬返青），加之植株矮小，需水量较小，需水强度仅为 2.835～4.2mm/d。随着气温的逐渐增高，牧草的生长速度加快，新陈代谢作用加强，牧草的需水量也相应增大，到拔节—抽穗期，需水强度达到最大值，披碱草最大需水强度为 7.95mm/d，老芒麦最大需水强度为 12.21mm/d。从开花到收获期，牧草从营养生长转为生殖生长，牧草的生理机能也逐渐衰退，又逢雨季，空气的相对湿度较高，需水量显著减少，需水强度也相应降低。从披碱草生育期内需水强度及需水模系数曲线（图 4-6）可以看出多年生禾本科的需水规律。

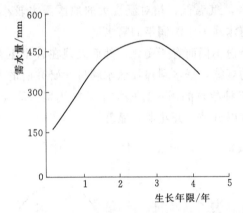

图 4-5　多年生披碱草不同年限需水特性　　图 4-6　披碱草生育期需水特性曲线示意图

（3）苜蓿。一次刈割的苜蓿，生育阶段需水变化规律是，返青—分枝期，气温较低，生长速度较慢，需水量较少（图 4-7），这阶段持续时间约 40d 左右，阶段需水量为 53.1～58.8mm，需水强度为 2.55～2.7mm/d，而需水模系数仅为 9.5%～10.6%。随着气温的增高和生长速度加快，生理及生态需水增多。苜蓿开花期需水量最大，需水强度大于 7.5mm/d，开花持续时间 23d，需水模系数为 31.2%。苜蓿结实期（10/7～28/7）已进入雨季，且以生殖生长为主，需水量有所减少。

三、天然草地需水规律与需水量

天然草地的需水量是指某一特定群落中牧草群体生长发育对水分的消耗。由多种植物组成的复杂的牧草群落（植物群落是指在特定空间和时间范围内，具有一定的植物种类组成和一定的外貌及结构与环境形成一定相互关系并具有特定功能的植物集合体），各种牧草具有不同的物候期（植物的生长、发育、活动等规律与生物的变化对节候的反应，正在产生这种反应的时候叫物候期）和不同的需水特性。群落中各种牧草需水特性综合作用结果，形成了植物群落的需水共性。

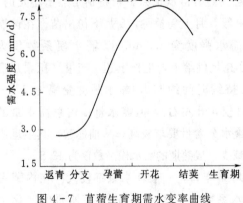

图 4-7　苜蓿生育期需水变率曲线
示意图

1. 天然草场水分消耗的一般规律

天然草场水分消耗也不外是植物蒸腾、棵间蒸发、深层渗漏和地表径流几种形式。天然草场以牧草干物质生产为目的，衡量草场的优劣标准是生物学产量和质量，灌溉的目的是促进优良牧草的分蘖、分支能力及有性、无性、生殖能力，增加茎叶产量，使优良牧草在草群中的比例增加。

天然草场在任一生长期（年份），其始、末期由于牧草覆盖度较小及生理功能衰退，棵间蒸发占较大比例。特别是始期棵间蒸发量往往超过总耗水量的50%，中期随着牧草的生长发育，地表覆盖度增加，牧草生理活动旺盛，水分消耗则以植物蒸腾为主，占60%～80%。天然草场的牧草群落绝大多数是由多种植物组成的复杂群体，天然草场灌溉的对象是整个群落。由于群落中牧草组成的多样性和生长发育的不同步性形成了对水分的特殊需求形式，即需水临界期及耗水高峰期长、需水量大的特点。据相关试验资料，一般天然牧草需水强度大于5.0mm/d的需水高峰期达60多天，约占全生育期间的一半，是单一禾本科牧草（披碱草）的1.5倍，需水敏感期（营养生长中期到生殖生长中期）约50d，是披碱草的1.2倍。

2. 几种天然草场牧草群落的需水规律

（1）羊草、白草群落。羊草群落是我国北部温带干燥地区的一种原生植物群落，生长发育较好的群落，干草产量一般在150～400kg/亩之间或更高，是理想的打草场和放牧场。

羊草、白草群落一般在3月末—4月初返青，9月中旬枯黄，一个生育期为140～175d。全生育期需水量在420～780mm之间。始期即草场返青期，一般从3月末到4月末，需水量为28～52mm，需水强度为1.11～1.62mm/d。初期即营养生长期，一般从4月末—6月初，为30～40d。该阶段多数牧草以分蘖、拔节营养生长为主，需水量为82～199mm，耗水强度为2.68～4.98mm/d。中期即生殖生长期，一般从6月初到7月中，为45～50d，该时期多数牧草处于抽穗、开花、乳熟阶段，整个群落以生殖生长为主，需水量为202～342mm，需水强度为4.51～6.82mm/d。末期即成熟老化时期，一般从7月中到9月中，时间在50d左右，该阶段多数牧草处于成熟后期，并逐渐老化，直至枯黄。该阶段也含羊草群落的秋季营养期，需水量为108～190m³/亩，需水强度为2.71～3.45mm/d。

（2）冰草、隐子草群落。冰草、隐子草群落是蒙甘宁草原区中东部、年降水量250～370mm的典型草原区的主要牧草群落。部分荒漠草原区也有分布。草层高度一般小于50cm，覆盖度40%～60%。生长发育较好的群落，干草产量一般为50～175kg/亩。

冰草、隐子草群落具有返青早、生长期长的特点，在内蒙古东部一般4月初返青，9月枯黄，青绿期约140～170d。全生育期耗水量在435～780mm之间。始期即草场返青期，一般约一个月，从4月初到5月初，需水量为67～12mm，需水强度为2.55～4.27mm/d。初期，即多数牧草处于分蘖、拔节、抽薹、分枝时期，一般约一个月。从5月初到6月初，该时期以营养生长为主，可称为营养生长期，需水量为75～127mm，需水强度为2.58～4.32mm/d。中期，即多数牧草处于孕穗、孕蕾、抽穗、开花、结实时期，一般约50～60d。从6月初到7月末，该时期以生殖生长为主，故也可称为生殖生长期，由于气温的升高和牧草生理活动强烈，该阶段对水分的消耗达到全生育期的高峰。需水量为 180～352mm，需水强度为 3.46～5.85mm/d。末期，即多数牧草处于成熟、老化、转向枯黄的时期，一般约 40～50d，从 7 月末到 9 月中，需水量为 120～172mm，需水强度为 2.97～3.39mm/d。

（3）芨芨草群落。该群落多分布于内蒙古、新疆、青海、甘肃、宁夏等干旱地区的土壤水分较高的低地或盐渍化草甸上。由于芨芨草属大型禾本科牧草，故该群落层次明显，上层草（即芨芨草）草高一般为 50～250cm，下层草高为 20～50cm，草群盖度为 30%～80%，群落产量为 50～250kg/亩。一般以旱生植物为主，在土壤水分较高的地段，伴有中旱生、中生植物。

芨芨草群落具有返青早、枯黄晚等优点，因分布范围广，生长期变化较大。一般在 4 月中旬到 5 月初返青，9 月下旬以后陆续枯黄，生长期 130～170d。全生育需水量在 469～755mm 之间。始期，即返青期，一般从 4 月中到 5 月初，约 20d 左右，需水量为 16～54mm，需水强度为 1.08～2.16mm/d。初期，即营养生长期，一般从 5 月初到 6 月中，约 45d 左右，该时期群落以营养生长为主，需水量为 117～183mm，需水强度为 2.91～3.64mm/d。中期，即生殖生长期，一般从 6 月中—8 月初，约 50d 左右，该时期群落以生殖生长为主，需水量为 232～363mm，需水强度为 5.17～6.60mm/d。末期即成熟老化期，一般从 8 月初到 9 月末，约 30～40d，需水量为 103～156mm，需水强度为 3.43～3.91mm/d。几种常见天然牧草群落的需水量见表 4-2。

表 4-2　　　　　　　　　　天然草场牧草群落的需水量

群　落　名　称	需水量/mm	群　落　名　称	需水量/mm
羊草＋白草＋野苜蓿＋杂类草	420～780	直立黄芪＋冷蒿＋针茅＋杂类草	315～597
羊草＋针矛＋线叶菊＋杂类草	325～531	芨芨草＋早熟禾＋赖草＋杂类草	465～757
冰草＋隐子草＋野苜蓿＋杂类草	435～780	大叶草＋萎陵菜＋苔草	600～1010
冰蒿＋百里香＋针茅＋杂类草	315～492		

注　引自水利部牧区水科所实验研究资料。

第四节　草　地　灌　溉　制　度

草地灌溉制度是牧区水利工程规划设计、用水管理的主要依据。由于我国草原灌溉基础薄弱，即使在有灌溉条件的地方，大多数地区目前仍采用大水漫灌，这种灌溉方式技术落后，不仅不能充分发挥灌溉草场的生产优势，满足畜牧业生产发展的要求，而且造成水资源的大量浪费，导致草原灌溉的不经济或效益不显著。为了节约牧区宝贵的水资源，提高水利工程的经济效益，必须确定草场的灌溉制度。合理的灌溉制度既能满足牧草各生育期对水分的要求，又能与饲草料栽培技术措施相结合，调节土壤水、肥、气、热状况，为牧草生长创造良好条件。我国许多地区，如内蒙古、新疆、甘肃等省（自治区）部分地区已经进行了多年牧草灌溉试验，初步形成了适应我国特定土壤、气候的牧草灌溉制度。草地灌溉制度的概念及确定方法与农田完全一致，因此，本节不再赘述，仅对已有的典型成果进行介绍。

我国牧区大多处于水资源贫乏地带，特别是在半干旱、干旱荒漠化草原区，水资源大部分地区严重不足，因而不能保证牧草的充足供水，使得高产、丰产型灌溉制度难以适用。即使在一些水量较丰沛的草原灌区，由于工程标准与输水能力以及管理水平的限制，也可能出现供水与需水不相协调。因此在水资源不足的条件下必须从节水角度采取对策，实行节水灌溉，使有限水资源得到合理利用并发挥出最大的经济效益。因此，本节重点对牧草的节水型灌溉制度进行阐述。

一、草地灌溉制度典型成果

1. 不同灌溉条件下人工草地牧草及饲料作物灌溉制度

（1）渠灌条件下人工草地牧草及饲料作物灌溉制度。根据各地灌溉试验资料，结合水量平衡理论，总结确定出我国当前一些渠灌条件下人工草地牧草及饲料作物灌溉制度，详见表4-3。

表4-3 渠灌条件下人工草地牧草及饲料作物灌溉制度

牧草	适应地区	水文年	灌溉定额 /(m³/hm²)	灌水次数 /次	灌水定额 /(m³/hm²)	灌 水 时 间
多年生禾本科牧草	荒漠化草原	湿润年	4200	7	600	返青、分蘖初、盛，拔节初、盛，抽穗，开花
		中等年	4725	7	675	返青、分蘖初、盛，拔节初、盛，抽穗，开花
		干旱年	5250	7	750	返青、分蘖初、盛期，拔节初、盛期，抽穗、成熟期
	典型草原	湿润年	3750	5	750	返青、分蘖、拔节初、盛期，抽穗
		中等年	4500	5	900	返青、分蘖、拔节初、盛期，抽穗期
		干旱年	4725	7	675	返青、分蘖初、盛期，拔节初、中、盛期，抽穗期
	草甸草原	湿润年	2700	4	675	返青、分蘖、拔节、抽穗
		中等年	3375	5	675	返青、分蘖初、盛，拔节、盛，抽穗
		干旱年	4050	6	675	返青、分蘖初、盛，拔节初、盛，抽穗
多年生豆科牧草	荒漠化草原	湿润年	3000	4	750	返青、分枝、孕蕾、开花
		中等年	4500	6	750	返青、分枝初、盛，孕蕾初、盛，开花
		干旱年	5400	6	900	返青、分枝初、盛，孕蕾初、盛，开花
	典型草原	湿润年	2400	4	600	分枝初、孕蕾、开花
		中等年	3000	4	750	分枝、孕蕾初、盛、开花
		干旱年	3750	5	750	分枝初、盛，孕蕾初、盛，开花
	草甸草原	湿润年	2100	4	525	分枝、孕蕾、盛，开花
		中等年	2400	4	600	分枝初、盛，孕蕾初、中、盛，开花
		干旱年	3000	5	600	分枝初、中、盛，孕蕾初、中、盛，开花初、盛
一年生禾本科牧草	荒漠化草原	湿润年	3600	4	900	分蘖初、盛，拔节，抽穗
		中等年	4500	5	900	播前、分蘖初、盛，拔节，抽穗
		干旱年	5400	6	900	播前、分蘖初、盛，拔节初、盛，抽穗

续表

牧草	适应地区	水文年	灌溉定额/(m³/hm²)	灌水次数/次	灌水定额/(m³/hm²)	灌　水　时　间
一年生禾本科牧草	典型草原	湿润年	3000	4	750	播前，分蘖初、盛，拔节，抽穗
		中等年	4500	6	750	播前，分蘖初、盛，拔节，抽穗、开花
		干旱年	5250	7	750	播前，分蘖初、盛，拔节初、盛，抽穗、开花
	草甸草原	湿润年	2025	3	675	分蘖，拔节，抽穗
		中等年	2700	4	675	分蘖初、盛，拔节，抽穗
		干旱年	3375	5	675	播前，分蘖初、盛，拔节，抽穗
饲料及青贮玉米	荒漠化草原	湿润年	4500	5	900	播前，拔节初、盛，抽穗，灌浆
		中等年	5250	7	750	播前，分蘖初、盛，拔节初、盛，抽穗初、盛
		干旱年	6300	7	750	播前，分蘖初、盛，拔节初、盛，抽穗初、盛
	典型草原	湿润年	3300	4	900	播前，拔节，抽穗，灌浆
		中等年	4500	5	825	播前，分蘖盛，拔节，抽穗初、盛
		干旱年	5400	6	900	播前，分蘖，拔节初、盛，抽穗初、盛
	草甸草原	湿润年	2700	3	900	拔节，抽穗、灌浆
		中等年	3375	5	675	播前，分蘖，拔节初、盛，抽穗
		干旱年	3750	5	750	播前，分蘖初、盛，拔节，抽穗

（2）低压管道灌溉条件下人工草地牧草及饲料作物灌溉制度。我国当前一些低压管道灌溉条件下人工草地牧草及饲料作物灌溉制度，详见表4-4。

表4-4　　　　　低压管道灌溉条件下人工草地牧草及饲料作物灌溉制度

牧草	适应地区	水文年	灌溉定额/(m³/hm²)	灌水次数/次	灌水定额/(m³/hm²)	灌　水　时　间
多年生禾本科牧草	荒漠化草原	湿润年	3300	6	550	返青、分蘖初、盛，拔节初、盛，抽穗，开花
		中等年	4200	7	600	返青、分蘖初、盛，拔节初、盛，抽穗，开花
		干旱年	4800	8	600	返青、分蘖初、盛期，拔节初、中、盛期，抽穗、成熟期
	典型草原	湿润年	2250	5	450	返青、分蘖，拔节初、盛，抽穗
		中等年	3500	7	500	返青、分蘖初、盛，拔节初、盛，抽穗、开花
		干旱年	4200	7	600	返青、分蘖初、盛，拔节初、盛，抽穗、开花
	草甸草原	湿润年	1800	4	450	返青、分蘖初、盛，拔节
		中等年	2100	4	525	分蘖初、盛期，拔节、抽穗
		干旱年	2625	5	525	分蘖初、盛期，拔节初、盛期，抽穗
多年生豆科牧草	荒漠化草原	湿润年	3000	5	600	返青、分枝初、盛，孕蕾盛，开花
		中等年	3600	6	600	返青、分枝初、盛，孕蕾初、盛，开花
		干旱年	4200	7	600	返青、分枝初、盛，孕蕾初、盛，开花初、盛

牧草	适应地区	水文年	灌溉定额/(m³/hm²)	灌水次数/次	灌水定额/(m³/hm²)	灌 水 时 间
多年生豆科牧草	典型草原	湿润年	1800	4	450	分枝初、盛，孕蕾，开花
		中等年	3000	5	600	分枝，孕蕾初、盛，开花初、盛
		干旱年	3600	6	600	分枝初、盛，孕蕾初、盛，开花初、盛
	草甸草原	湿润年	1350	3	450	分枝，孕蕾，开花
		中等年	2100	4	525	分枝初、盛，孕蕾，开花
		干旱年	2625	5	525	分枝初、盛，孕蕾初、盛，开花
一年生禾本科牧草	荒漠化草原	湿润年	2625	5	525	分蘖初、盛，拔节初、盛，抽穗，开花
		中等年	3150	6	525	分蘖初、盛，拔节初、盛，抽穗初、盛，开花
		干旱年	3675	7	525	分蘖，拔节，盛，抽穗
	典型草原	湿润年	2100	4	525	分蘖，拔节初、盛，抽穗
		中等年	3150	6	525	分蘖初、盛，拔节初、盛，抽穗初、盛
		干旱年	3675	7	525	分蘖初、盛，拔节初、盛，抽穗初、盛，开花
	草甸草原	湿润年	1575	3	525	分蘖，拔节，抽穗
		中等年	2100	4	525	分蘖初、盛，拔节，抽穗
		干旱年	2625	5	525	分蘖初、盛，拔节初、盛，抽穗
饲料及青贮玉米	荒漠化草原	湿润年	3600	6	600	分蘖初、盛，拔节初、盛，抽穗，灌浆
		中等年	4800	8	600	分蘖初、盛，拔节初、中、盛，抽穗，开花，灌浆
		干旱年	5400	8	675	分蘖初、盛，拔节初、中、盛，抽穗，开花，灌浆
	典型草原	湿润年	2625	5	525	分蘖初、盛，拔节初、盛，抽穗
		中等年	4200	8	675	分蘖初、盛，拔节初、中、盛，抽穗，开花，灌浆
		干旱年	4800	8	750	分蘖初、盛，拔节初、中、盛，抽穗，开花，灌浆
	草甸草原	湿润年	2100	3	525	拔节，抽穗，开花
		中等年	2625	5	525	分蘖，拔节初、盛，抽穗，灌浆
		干旱年	3150	6	525	分蘖，拔节初、盛，抽穗，开花，灌浆

（3）喷灌条件下人工草地牧草及饲料作物灌溉制度。我国当前一些喷灌条件下人工草地牧草及饲料作物灌溉制度，详见表4-5。

2. 天然草场牧草群落丰产灌溉制度

我国当前一些天然草场牧草群落丰产灌溉制度，详见表4-6。

二、节水型草地灌溉制度

节水型灌溉制度即在水资源不能完全满足的情况下根据作物需水的关键期，优化灌溉定额、制定灌溉制度。为了使少量的水资源发挥较大的灌溉效益，以适应牧区水资源不足的现状，可以实行关键需水时期灌溉。

1. 牧草关键灌水期

牧草的关键灌水期包括需水临界期和最大效率期两个阶段。在这两个阶段保证水分供应才能收到更好的效果，具体可参考表4-7。

表 4-5　　　　　　　　　喷灌条件下人工草地牧草及饲料作物灌溉制度

牧草	适应地区	水文年	灌溉定额/(m³/hm²)	灌水次数/次	灌水定额/(m³/hm²)	灌 水 时 间
多年生禾本科牧草	荒漠化草原	湿润年	3150	7	450	返青、分蘖初、盛，拔节初、盛，抽穗初、盛
		中等年	4000	8	500	返青、分蘖初、中、盛，拔节初、盛，抽穗初、盛
		干旱年	4725	9	525	返青、分蘖初、中、盛，拔节初、盛，抽穗初、盛
	典型草原	湿润年	2625	7	375	返青、分蘖初、盛，拔节初、盛，抽穗初、盛
		中等年	3375	8	450	返青、分蘖初、中、盛，拔节初、盛，抽穗初、盛
		干旱年	4050	9	450	返青、分蘖初、中、盛，拔节初、中、盛，抽穗初、盛
	草甸草原	湿润年	1500	5	300	返青、分蘖初、盛，拔节，抽穗
		中等年	2100	7	300	返青、分蘖初、盛，拔节初、盛，抽穗初、盛
		干旱年	2675	7	375	返青、分蘖初、盛，拔节初、盛，抽穗初、盛
多年生豆科牧草	荒漠化草原	湿润年	2700	6	450	分枝初、盛，孕蕾、盛，开花初、盛
		中等年	3600	6	600	分枝初、盛，孕蕾初、盛，开花初、盛
		干旱年	4200	8	525	分枝初、中、盛，孕蕾初、中、盛，开花初、盛
	典型草原	湿润年	1875	5	375	分枝初、盛，孕蕾，开花初、盛
		中等年	2250	6	375	分枝初、盛，孕蕾初、盛，开花初、盛
		干旱年	3600	8	450	分枝初、中、盛，孕蕾初、中、盛，开花初、盛
	草甸草原	湿润年	1500	5	300	分枝初、盛，孕蕾，开花初、盛
		中等年	1800	6	300	分枝初、盛，孕蕾初、盛，开花初、盛
		干旱年	2250	6	375	分枝初、盛，孕蕾初、盛，开花初、盛
一年生禾本科牧草	荒漠化草原	湿润年	2250	6	375	苗期，分蘖，拔节初、盛，抽穗初、盛
		中等年	3000	8	375	苗期，分蘖初、盛，拔节初、盛，抽穗初、盛，开花
		干旱年	3600	8	450	苗期，分蘖初、盛，拔节初、盛，抽穗初、盛，开花
	典型草原	湿润年	1875	5	375	苗期，分蘖初、盛，拔节，抽穗
		中等年	2625	7	375	苗期，分蘖初、盛，拔节初、盛，抽穗初、盛
		干旱年	3150	7	450	苗期，分蘖初、盛，拔节初、盛，抽穗初、盛
	草甸草原	湿润年	1500	5	300	分蘖初、盛，拔节初、盛，抽穗
		中等年	1800	6	300	分蘖初、盛，拔节初、盛，抽穗初、盛
		干旱年	2250	6	375	分蘖初、盛，拔节初、盛，抽穗初、盛
饲料及青贮玉米	荒漠化草原	湿润年	3150	6	525	苗期，分蘖初、盛，拔节，抽穗、花期
		中等年	4200	8	525	苗期，分蘖初、盛，拔节初、中、盛，抽穗初、盛
		干旱年	4800	8	600	苗期，分蘖初、盛，拔节初、中、盛，抽穗初、盛
	典型草原	湿润年	2700	6	450	苗期，分蘖初、盛，拔节，抽穗、花期
		中等年	3600	8	450	苗期，分蘖初、盛，拔节初、中、盛，抽穗初、盛
		干旱年	4200	8	525	苗期，分蘖初、盛，拔节初、中、盛，抽穗初、盛
	草甸草原	湿润年	1350	3	450	分蘖，拔节，抽穗
		中等年	2250	5	450	分蘖初、盛，拔节初、盛，抽穗
		干旱年	2700	6	450	分蘖初、盛，拔节初、盛，抽穗初、盛

表 4-6　　　　　　　　　　　　天然草场牧草群落丰产灌溉制度

适应地区	水文年	水文年	灌水次数/次	灌水定额/(m³/hm²)	灌溉定额/(m³/hm²)	灌 水 时 间
荒漠化草原	冰草＋隐子草＋野苜蓿＋杂草类	湿润年	1	1200	1200	返青
		中等年	3	900	3600	返青，营养生长初、后
		干旱年	3	1350	4050	返青，营养生长期、生殖生长
	针茅＋冰草＋早熟禾＋黄芪等	湿润年	3	900	2700	返青，营养生长初、后
		中等年	4	900	3600	返青，营养生长期初、后、生殖生长
		干旱年	5	900	4500	返青，营养生长期初、后、生殖生长初、后
	针茅＋羊茅＋冰草＋棘草等	湿润年	3	900	2700	返青，营养生长初、后
		中等年	4	900	3600	返青，营养生长期初、后、生殖生长
		干旱年	5	900	4500	返青，营养生长期初、后
草甸草原	羊草＋针茅＋线叶菊＋杂类草	湿润年	1	1200	1200	返青
		中等年	2	1200	2400	返青，营养生长初
		干旱年	3	1350	4050	返青，营养生长初，后期生殖生长
	羊草＋白草＋野苜蓿＋杂草类	湿润年	1	1200	1200	返青
		中等年	2	1200	2400	返青，营养生长初
		干旱年	3	1350	4050	返青，营养生长初、后
	芨芨草＋早熟草＋杂类草	湿润年	1	1200	1200	营养生长期
		中等年	2	1200	2400	营养生长初、末期
		干旱年	3	1200	3600	营养生长初、末期，生殖生长期
	披碱草＋重穗草＋中华羊草等	湿润年	3	750	2250	返青、分蘖、拔节
		中等年	4	750	3000	分蘖初、盛，拔节初、盛
		干旱年	5	1200	2750	返青、分蘖，拔节初、盛，抽穗初

表 4-7　　　　　　　　　　　　牧 草 关 键 灌 水 期

牧草种类	需水临界期	最大效率期
多年生禾本科牧草	分蘖期	拔节—抽穗期
多年生豆科牧草	生长前期	分枝后期—孕蕾初期
一年生饲草料作物	拔节、分蘖期	孕穗—孕蕾期

相关研究表明，人工牧草不同生育期阶段土壤水分亏缺对产草量的影响程度依次是分蘖、拔节、抽穗、苗期、成熟。多数人工牧草的敏感指数为 $\lambda_分 > \lambda_拔 > \lambda_抽 > \lambda_花 > \lambda_熟$，可见干旱危害最严重的阶段是分蘖、拔节、抽穗，这 3 个阶段对水分最敏感，是牧草的关键灌水期。

根据水利部牧区水利科学研究所对披碱草、苏丹草和苜蓿的试验（表 4-8）成果，人工牧草分蘖阶段灌水后，改善了土壤水分状况，这样不仅有利于植株早分蘖，多分蘖，而且为拔节创造了良好条件。如到拔节再灌水时，由于前期土壤水分较少，仅为田间持水量的 35%～40%。底墒消耗严重，植株处于较长期缺水状态，因而不能正常进行营养生长，推迟了生育期，到抽穗期往往产生枯死现象。从生长形态观察，叶长、叶宽，植株高低，都不及分蘖期灌水的好，且茎叶呈现黄绿色，试验表明，抓好分蘖关键灌水期，比拔节期灌水可增产 4%～50%。

表 4-8　　　　　　　　　　人工牧草关键需水试验结果

牧草	项　目	分　蘖　期			拔　节　期			灌水定额 /(m³/hm²)
		初期灌水	盛期灌水	平均	初期灌水	盛期灌水	平均	
披碱草	产草量/(kg/m³)	0.85	1.0	0.92	0.2	0.75	0.47	900～1020
	生长状况说明	能完成生长，但无籽实			拔节期可延长 15d，到 抽穗期即枯黄			
苏丹草	产草量/(kg/m³)	1.15	1.05	1.10	1.05	0.85	0.95	900～990
	生长状况说明	分蘖期株高 40～50cm，能完成 生育阶段			分蘖期株高 27～40cm 能完成 生育阶段，但无籽实			
苜蓿	产草量/(kg/m³)	0.85	1.00	0.93	1.10	1.10	1.05	900～975
	生长状况说明	分蘖期株高 40～55cm 能完成 生育阶段，但无籽实			孕蕾期延长 10d 左右			

注　水利部牧区水利科学研究所内蒙古某地干旱草原区试验资料。

2. 草地节水型优化灌溉制度

优化灌溉制度的理论基础在于充分利用牧草植物体对缺水具有的抗逆性能，在一定的条件下，允许牧草在某一生长期内遭受一定程度的水分亏缺，即当土壤水分降低到某一水平以后（一般是适宜含水率下限），发生土壤水分亏缺，使牧草的实际耗水量减小，从而节约灌溉用水，扩大灌溉面积，虽然牧草的单位面积产量可能降低，但在灌溉水源、水量一定的条件下，通过扩大灌溉面积，利用一种合理可行的灌水计划，优化灌溉制度，提高灌溉水生产效率，达到牧草生产总经济效益最大的目标。

制定这种优化的节水灌溉制度基本依据是牧草的水分生产函数，一般采用产量与全生育耗水量的关系，以获得最大经济效益为目标，确定最优的灌溉面积和灌溉定额，在最优灌溉定额确定后，利用一定的方法和相应模型确定有限水量在全生育期的最优分配。

（1）水分生产函数。牧草水分生产函数是指牧草产量与耗水量之间的定量函数关系，可用来寻找出牧草高产量的最佳区间，以此确定节水灌溉最经济的配水范围。制定不同产量水平的灌溉制度与灌溉优化配水方案，下面给出两种函数模型。

1）全生长期产量与耗水量关系模型。主要根据草地灌溉试验资料，对牧草经济耗水量和水分生产效率的分析，拟合出牧草产量与耗水量的关系以及产量与耗水系数的关系，该类模型是以全生育期腾发量为变量的水分生产函数模型，主要有如下几种。

Hanks（1974）模型为

$$\frac{Y}{Y_m} = \frac{T}{T_m} \tag{4-1}$$

Stewart（1977）模型为

$$1 - \frac{Y}{Y_m} = \beta\left(1 - \frac{ET_a}{ET_m}\right) \tag{4-2}$$

Hiler 和 Clark（1971）提出的二次曲线模型为

$$Y = a + b\left[1 - \left(1 - \frac{ET_a}{ET_m}\right)\right]^2 \tag{4-3}$$

式中 Y——作物实际产量；

Y_m——作物最大产量；

T——全生育期实际作物蒸腾量；

T_m——全生育期最大蒸腾量；

ET_a——全生育期实际蒸发量；

ET_m——全生育期最大蒸发量；

β——经验系数（又称减产系数）；

a、b——与不同地区的气候与土壤因素有关的经验系数。

2）乘法模型。牧草在某一阶段遭受水分亏缺不仅对本阶段内的牧草生长产生影响，同时还对以后生长阶段产生影响。因此，牧草对各生育阶段水分亏缺反应函数可用相乘模型（Jesen模型）表示：

$$\frac{Y_a}{Y_n} = \prod_{i=1}^{n} \left(\frac{ET_a}{ET_m}\right)_i^{\lambda_i} \qquad (4-4)$$

式中 ET_a、ET_m——某一阶段的实际蒸腾蒸发量和最大腾发量；

λ_i——敏感指数。

（2）灌溉制度优化。由作物水分生产函数可知，作物减产的程度随着不同作物、不同生长阶段的缺水程度而异。在这种情况下，合理的灌溉是在清楚作物在不同生长阶段缺水减产情况的基础上实行限额灌溉，寻求分配给该作物的总灌溉水量在其生育阶段的最优分配，使整个生长期的总产值最大。在一定的总灌溉水量控制条件下，确定灌水次数、灌水日期、灌水定额最优组合。由每个阶段的灌水决策所组成的最优策略就是作物的最优灌溉制度。由于作物每一个生育阶段的决策都与时间过程有关，为多阶段决策过程的最优化问题，应用动态规划法求解。

动态规划是运筹学的一个分支，是最优化技术中一种适用范围很广的基本的数学方法。它用于分析系统的多阶段决策过程，以求得整个系统的最优决策方案。本节以紫花苜蓿和青贮玉米为例，采用确定型动态规划（考虑降雨现象的趋势性和周期重现性的确定性成分的动态规划）确定单作物优化灌溉制度。

1）阶段变量。根据牧草及牧草群落生长过程，紫花苜蓿生长过程划分为返青、分枝、现蕾和开花4个生育阶段；青贮玉米生长过程划分为苗期、拔节、抽穗和开花4个生育阶段。阶段变量 $i=1$、2、3、4、5。其基本资料见表4-9和表4-10。

表4-9　　　　　　　　　　　　紫花苜蓿灌溉制度设计基本资料

阶段	紫花苜蓿生长阶段		有效降雨 /mm	地下水补给 /mm	敏感指标	阶段最大耗水量/mm
	开始日期	生育阶段				
1	7.26—8.2	返青—分枝	47.0	0.0	0.1234	78.9
2	8.3—8.17	分枝—现蕾	34.1	5.1	0.6176	123.9
3	8.18—9.5	现蕾—开花	36.1	1.2	0.7426	143.2
4	9.6—9.18	开花—结荚	25.8	1.0	0.0043	34.2

表 4 - 10 青贮玉米灌溉制度设计基本资料

阶段	青贮玉米生长阶段		有效降雨 /mm	地下水补给 /mm	敏感指标	阶段最大耗水量/mm
	开始日期	生育阶段				
1	6.4—6.30	苗期—分蘖	44.7	9.5	0.6646	94.8
2	7.1—7.24	分蘖—拔节	40.9	14.5	0.0641	134.9
3	7.25—8.20	拔节—抽穗	68.3	10.0	0.8944	257.9
4	8.21—9.10	抽穗—开花	21.1	2.0	0.5192	135.8

注 以上两表降雨资料来源于某旗气象站（8月1日前）和田间气象站，由于土壤质地为沙土，不考虑地面径流损失，当一次降雨量小于5mm时，有效降雨量为0。

2）决策变量。决策变量取为各阶段灌水量 m_i。根据饲草料作物生育期的不同需水要求，紫花苜蓿：m_i 为 40m³/亩，50m³/亩，50m³/亩，20m³/亩；青贮玉米：m_i 为 40m³/亩，60m³/亩，60m³/亩，60m³/亩，60m³/亩。

3）状态变量。为各阶段初可用于分配的灌溉水量 q_i 和阶段初计划湿润层的土壤含水量 W_i。

a. 紫花苜蓿 q_i＝50m³/亩，100m³/亩，140m³/亩，160m³/亩（$0 \leqslant q_i \leqslant 160$m³/亩）；青贮玉米 q_i＝60m³/亩，120m³/亩，180m³/亩，220m³/亩，280m³/亩（$0 \leqslant q_i \leqslant 280$m³/亩）。

b. 第 i 阶段初计划湿润层的土壤含水量 W_{i-1}，W_{i-1} 是土壤含水率的函数：

$$W_{i-1} = 667\gamma H_i(\bar{\theta} - \theta_\omega) \tag{4-5}$$

式中 γ——土壤容重，g/cm³；

H_i——i 阶段计划湿润层的平均厚度，m；

$\bar{\theta}$——i 阶段计划湿润层的平均土壤含水率；

θ_ω——凋萎系数。由实测土壤含水量资料得到。

4）系统方程。系统方程为描述状态转移过程中各变量之间的关系，相应于二维状态变量，系统方程有两个：

a. 水量分配方程为

$$q_{i+1} = q_i - m_i \tag{4-6}$$

式中 q_i、q_{i+1}——第 i，$i+1$ 阶段的可供水量；

m_i——第 i 阶段的灌水定额。

b. 田间水量平衡方程为

$$W_{i+1} - W_i = W_r + P_i + K_i + M_i - ET_{ai} \tag{4-7}$$

式中 ET_{ai}、P_i、K_i——代表第 i 阶段实际腾发量、有效降雨量和地下水补给量。

5）目标函数。在可分配水量一定情况下，分别采用 Stewart 模型和 Jensen 模型，以追求单位面积的产量最大为目标，即 $Y_a/Y_m \to 1.0$，即

$$F = \max\left(\frac{Y_a}{Y_m}\right) = \max\left[1 - \sum_{i=1}^{4} K_i\left(1 - \frac{ET_{ai}}{ET_{mi}}\right)\right] \tag{4-8}$$

$$F = \max\left(\frac{Y_a}{Y_m}\right) = \max\prod_{i=1}^{4}\left(\frac{ET_{ai}}{ET_{mi}}\right) \tag{4-9}$$

6）递推方程。逆序递推，顺序决策，其递推方程为

$$f_i^*(q_i) = \max\{R_i(q_i, m_i) + f_{i+1}^*(q_{i+1})\}, i = 1, 2, \cdots, n \qquad (4-10)$$

$$R_i(q_i, W_i) = 1 - K_i\left(1 - \frac{ET_{ai}}{ET_{mi}}\right), i = 1, 2, \cdots, n-1 \qquad (4-11)$$

$$f_n^*(q_n) = 1 - K_i\left(\frac{ET_i}{ET_m}\right), i = n \qquad (4-12)$$

式中 $R_i(q_i, W_i)$ ——在 q_i 状态下，所得的本阶段（i）效益；

$\qquad f_n^*(q_n)$ ——余留阶段的最大总效益。

利用上述递推方程式，采用逆序递推法，从 n 阶段开始算起，逐渐推至阶段 1，然后在正向逐段决策，可得紫花苜蓿和青贮玉米的最优化灌溉制度见表 4-11、表 4-12。

表 4-11 紫花苜蓿最优化灌溉制度

灌水次数	生长阶段灌水量/mm				灌溉定额/mm	最大相对产量
	返青—分枝	分枝—现蕾	现蕾—开花	开花—结荚		
1	0	0	75	0	75	0.5443
2	0	75	75	0	150	0.8354
3	60	75	75	0	210	0.9292
4	60	75	75	20	230	0.9320

表 4-12 青贮玉米最优化灌溉制度

灌水次数	生长阶段灌水量/mm				灌溉定额/mm	最大相对产量
	苗期—分蘖	分蘖—拔节	拔节—抽穗	抽穗—开花		
1	0	0	90	0	90	0.4346
2	0	0	90	90	180	0.5412
3	0	90	90	90	270	0.6876
4	50	90	90	90	320	0.8117
5	50	90	90，90	90	410	0.9246

思 考 题

4-1 草地灌溉指什么？开展草地灌溉有什么意义？

4-2 草地灌溉与农田灌溉有什么不同？具有什么特殊性？

4-3 水分对牧草的生理生化作用主要包括什么？水分亏缺对牧草生长有何影响？

4-4 人工牧草需水特点是什么？

4-5 请描述苜蓿生育期需水规律和需水特点？

4-6 节水型草地灌溉制度的内涵是什么？

4-7 请叙述不同类型草地灌溉关键期。

第五章　草地灌溉排水技术

草地灌溉排水技术有许多种，本章仅介绍其中常见的低压管道灌溉技术、膜下滴灌灌溉技术、喷灌技术和草地排水技术等。

第一节　低压管道灌溉技术

关于低压管道灌溉技术的概念、特点、组成与分类等均在灌溉排水工程学中已介绍，因此，本节不再赘述，低压管道灌溉系统设计工程总体布置为本节的主要介绍内容。

一、低压管道灌溉系统工程总体布置

工程总体布置包括取水工程（机井）的规划布置和管网系统布置两个环节。过去平原井灌区管道灌溉系统规划往往忽视取水工程部分，尤其是在已建井灌区，仅在原有水源基础上布置管道，而没有对取水井布局的合理性进行综合分析。结果表明单个机井的管网布置合理，而整个井群布置不合理，有的机井控制面积过大，无法保证作物需求要求，有的机井控制面积不足，没有发挥出相应的作用。

1. 取水工程（机井）的规划布置

取水工程的合理布置，对整个系统的投入和运行起着重要作用。

（1）新建井灌区。新建井灌区发展管道灌溉时，首先应根据单井出水量确定单井控制灌溉面积，然后根据项目区面积确定井数并进行井位布置。

1）单井控制灌溉面积。井灌区控制面积通常较小，项目区内水文地质条件差异也不大。因此，在地下水开采量与补给量基本平衡的前提下，单井控制灌溉面积可根据当地水文地质条件确定井型、单井出水量，并由式（5-1）计算：

$$F_0 = \frac{QTt\eta(1-\eta_1)}{m} \tag{5-1}$$

式中　F_0——单井控制面积，hm^2；

Q——单井出水量，m^3/h；

T——整个项目区轮灌一次所需要的时间，d；

t——灌溉期每天开机时间，h；

η——灌溉水利用系数；

η_1——干扰抽水时的水量削减系数，经抽水试验确定，要求不大于 0.20；

m——综合平均灌水定额，m^3/hm^2。

2）井距计算。在单井出水量一定的情况下，可根据单井控制面积和井位布置形式计算井距。在较大的项目区，通常采用方形排列布井和梅花形网状布井两种井位布置方式，

井距计算公式见式（5-2）、式（5-3）。

方形排列布井为

$$L_0 = \sqrt{10000F_0} = 100\sqrt{F_0} \tag{5-2}$$

梅花形网状布井为

$$L_0 = \frac{8\sqrt{3}}{9}\sqrt{10000F_0} = 154.0\sqrt{F_0} \tag{5-3}$$

式中　L_0——井距，m。

3）项目区内机井眼数。当需水量小于或等于允许开采量时，项目区机井眼数可由项目区灌溉面积和单井控制灌溉面积确定计算公式：

$$N = F/F_0 = Fm/[QTt\eta(1-\eta_1)] \tag{5-4}$$

式中　N——项目区内机井眼数，个；

　　　　F——项目区内灌溉面积，hm^2；

其他符号含义同前。

4）井群布置。水力坡度较大的地区，应沿等水位线交错布井；水力坡度较小的地区，应采用梅花形或方形网格布井；地面坡度大或起伏不平的地区，井应布置于高处，以便于输水和控制最大的灌溉面积；地面坡度平缓的地区，井应布置在其控制区中央；沿河地带，井应平行于河流布置。此外，还要充分考虑井位与输变电线路、道路、井带、排灌渠道等的合理结合。

（2）已建井灌区。已建井灌区的机井成井时间较长，机井质量已发生变化。一些因淤积或地下水位下降而使出水量减少；另一些则由于过多地增打新井造成了机井密度过大，单井出水量过小而形成了不合理的机井布局。因此，在管网规划时应对项目区内现有机井状况进行普查，必要时对井位进行调整，以便进行合理的管网规划布置。

1）机井布局的调整。已建井灌区属于下列任一情况时应当调整机井布局：①机井密度大，同时抽水时相互影响，以致单井出水量减少，能耗增大，效益降低。②单井控制灌溉面积过大，轮灌周期太长，部分地块不能适时灌溉。③机井质量不好，无修复价值，需更新或新打机井。④在地下水力坡度较大的地区，上下游机井相互影响。

2）机井布局调整的方法与步骤：①确定项目区内不同水文地质单元各类机井的井距、井数。②按已确定的井距，结合地下水流向、单井控制灌溉面积、地形、道路等条件，将各类机井布置在规划图上。③初步确定井位之后，对原有机井实地鉴别分类。若原有井位符合规划要求且机井质量符合规范标准，则予以保留。否则，若原有井位符合要求，对原有机井进行修复或改造；若原有机井无法修复或改造，则可在原井位附近补打新井；改建规划的井位处无机井时，则需增打新井。若原有机井质量符合标准，而井位不符合要求，可暂时封存以保留备用。

2. 管网系统布置

管网系统布置是低压管道输水灌溉工程规划的关键内容。一般管网工程投资占工程总投资的70%以上。管网布置合理与否，对工程投资、运行状况和管理维护有很大影响。因此，应从技术、经济和运行管理等方面，对管网规划布置方案进行反复比较，最终确定合理方案。

（1）管网布置原则。

1）井灌区的管网一般以单个井为单元进行布置。在井群统一管理调度情况下，也可以采用多井汇流方式，但应进行充分的技术经济论证。渠灌区应根据地形条件、地块形状及水源位置和作物布局、灌溉要求等分区布置管网，尽量将供水压力接近的地块划分在同一分区。

2）农田管网一般采用树状管网布置。应根据水源位置（机井位置或管网入口位置）、地块形状、种植方向及原有工程配套等因素，通过比较，确定采用树状管网或环状管网。

3）管网布置应满足地面灌水技术要求。在平原区，各级管道尽可能采用双向供水。

4）管网布置应力求控制面积大，且管线平顺，减少折点和起伏。若管线布置有起伏，应避免管道内产生负压。

5）管网布置应紧密结合水源位置、道路、林带、灌溉明渠和排水沟以及供电线路等，统筹安排，以适应机耕和农业技术措施的要求，避免干扰输油、输气管道及电信线路等。

6）布置管网时应充分利用已有的水利工程，如穿路倒虹吸和涵管等。

7）管网级数，应根据系统灌溉面积（或流量）和经济条件等因素确定。在井灌区，当系统流量小于 $30m^3/h$ 时，可采用一级固定管道；系统流量在 $30\sim60m^3/h$ 时，可采用干管（输水）、支管（配水）两级固定管道；系统流量大于 $60m^3/h$ 时，可采用两级或多级固定管道，同时也可增设地面移动软管。在渠灌区，目前主要在支渠以下采用低压管道输水灌溉技术，其管网级数一般分斗管、分管、引管三级。

8）管线布置应与地形坡度相适应。如地形平坦，为充分利用地面坡降，干（支）管应尽量垂直于等高线布置；若在山丘区，地面坡度较陡，干（支）管布置应平行于等高线布置，以防水头压力过大。田间末级管道，其走向应与作物种植方向一致，移动软管或田间垄沟垂直于作物种植行。

9）给水栓和出水口的间距应根据生产管理体制、灌溉计划确定。间距宜为 $50\sim100m$，单口灌溉面积宜为 $0.25\sim0.6hm^2$。在山丘区梯田中，应考虑在每个台地中设置给水栓以便于灌溉。

10）在已确定给水栓位置的前提下，力求管道总长度最短。

11）充分考虑管路中量水、控制和保护等装置的适宜位置。

（2）管网布置步骤。根据管网布置原则，按以下步骤进行管网规划布置：

1）分析确定管网类型。

2）确定给水栓的适宜位置。

3）确定管网中各级管道的走向与长度。

4）在纵断面图上标注各级管道桩号、高程、给水装置、保护设施、连接管件及附属建筑物的位置。

5）对各级管道、管件、给水装置等，列表分类统计。

（3）管网典型布置形式。低压管道输水灌溉系统按管网形式可分井灌区管网布置形式、渠灌区管网布置形式、丘陵区管网布置、河网提水灌区管网布置。具体形式见低压管道输水灌溉系统的类型。

二、低压管道灌溉系统工程设计

1．管网设计流量计算

管网设计流量是管道灌溉工程设计的基础。灌溉规模确定后，根据水源条件、作物灌溉制度和灌溉工作制度计算灌溉设计流量。然后，以灌溉期间的最大流量作为管网设计流量来确定管径、水头落差或水泵扬程、装机容量等参数，以最小流量作为系统校核流量来校核泥沙淤积等参数。

（1）灌溉制度。灌溉制度是指作物播种前和全生育期内的灌水次数、每次的灌水时间、灌水定额及灌溉定额。

1）设计灌水定额。灌水定额是指单位面积一次灌水的灌水量或水层深度。管网设计中，采用作物生育期内各次灌水量中最大的一次作为设计灌水定额，对于种植不同作物的灌区，通常采用设计时段内主要作物的最大灌水定额作为设计灌水定额。作物各生育期灌水定额应根据当地灌溉试验资料确定。灌水定额也可根据时段初适宜水层上限与时段末适宜水层下限之差确定，牧区主要作物不同生育期灌水定额参见本书第四章。

2）设计灌水周期。设计灌水周期应根据灌水试验和当地灌水经验确定，具备必要的基础资料时也可通过计算确定。控制区内种植单一作物时可按式（5-5）确定，控制区内种植不同作物时可按式（5-6）确定：

$$T = \frac{m}{E_d} \tag{5-5}$$

$$T = \frac{mA}{\sum_{i=1}^{n}(E_{di}A_i)} \tag{5-6}$$

式中　T——灌水周期，d；

　　　m——灌水定额，mm；

　　　E_d——作物日耗水强度，mm/d；

　　　E_{di}——第 i 种作物的日耗水强度，mm/d；

　　　A——系统控制面积，hm²；

　　　A_i——第 i 种植物的种植面积，hm²。

（2）灌溉设计流量。根据设计灌水定额、灌溉面积、灌水周期和每天的工作时间可计算灌溉设计流量。灌溉系统的设计流量应满足需水高峰期多种作物同时灌水的要求，可通过绘制灌水率图确定。灌水率是指单位低压管道输水灌溉面积上的净灌水流量，单种作物某次灌水的灌水率可按式（5-7）计算：

$$q_i = \frac{a_i m_i}{36 T_i t} \tag{5-7}$$

式中　q_i——第 i 种作物的灌水率，m³/(s·100hm²)；

　　　a_i——灌水高峰期第 i 种作物的种植比例，%；

　　　m_i——灌水高峰期第 i 种植物的灌水定额，m³/hm²

　　　T_i——灌水高峰期第 i 种作物的一次灌水延续时间，d；

　　　t——系统日工作小时数，h/d。

按式（5-7）计算设计代表年各种作物各次灌水的灌水率，并按各自的灌水时间绘制灌水率图；对灌水率图进行修正，然后选取其中灌水连续时间最长、而灌水率最大的值为设计灌水率，则低压管道输水灌溉系统的设计流量为

$$Q_0 = \frac{Aq}{\eta} \tag{5-8}$$

式中　A——设计灌溉面积，hm^2；

　　　q——作物设计灌水率，$m^3/(s \cdot 100hm^2)$；

　　　η——灌溉水利用系数。

低压管道输水灌溉系统的设计流量亦可按式（5-9）计算确定：

$$Q_0 = \sum_{i=1}^{e} \left(\frac{a_i m_i}{T_i} \right) \frac{A}{t\eta} \tag{5-9}$$

式中　Q_0——灌溉系统设计流量，m^3/h；

　　　A——设计灌溉面积，hm^2；

　　　t——系统日工作小时数，h/d；

　　　η——灌溉水利用系数；

　　　e——灌水高峰期同时灌水的作物种类；

其余符号含义同前。

灌溉系统设计流量是选配水泵和初选最大管径的依据，其值为灌水高峰期所需流量；但是，水源（或机井）流量应为系统设计流量的上限。当水源或已有水泵流量不能满足要求时，应取水源或水泵流量作为系统设计流量，同时必须减少灌溉面积或（和）调整种植比例，使设计流量与灌溉面积相匹配。

（3）灌溉工作制度。灌溉工作制度是指管网输配水及田间灌水的运行方式和时间，有续灌、轮灌和随机灌溉 3 种方式，根据系统的引水流量、灌溉制度、畦田形状及地块平整程度等因素制定。

1）续灌方式。灌水期间，整个管网系统的出水口同时出流的灌水方式称为续灌。在地形平坦且引水流量和系统容量足够大时，可采用续灌方式。

2）轮灌方式。在灌水期间，灌溉系统内不是所有管道同时通水，而是将输配水管分组，以轮灌组为单元轮流灌溉。系统同时只有一个出水口出流时称为集中轮灌，井灌区管网系统通常采用这种灌水方式；有两个或两个以上的出水口同时出流时称为分组轮灌。

系统轮灌组数目是根据管网系统灌溉设计流量、每个出水口的设计出水流量及整个系统的出水口个数按式（5-10）计算的；当整个系统各出水口流量接近时，式（5-10）可简化为式（5-11）：

$$N = \text{int}\left(\sum_{i=1}^{n} \frac{Q_i}{Q_0} \right) \tag{5-10}$$

$$N = \text{int}\left(\frac{nQ_{出}}{Q_0} \right) \tag{5-11}$$

式中　N——轮灌组数；

　　　Q_i——第 i 个出水口设计流量，m^3/h；

　　　int——取整符号；

　　　n——系统出水口数；

　　　$Q_{出}$——各出水口流量相近的出水口流量，m^3/h。

然后，根据轮灌组数编制轮灌组，编组时应综合考虑如下6个方面：①每个轮灌组内工作的管道应尽量集中，以便于控制和管理。②各个轮灌组的总流量尽量接近，离水源较远的轮灌组总流量可小些，但变动幅度不能太大。③地形地貌变化较大时，可将高程相近地块的管道分在同一轮灌组，同组内压力应大致相同，偏差不宜超过20%。④各个轮灌组灌水时间总和不能大于灌水周期。⑤同一轮灌组内作物种类和种植方式应力求相同，以方便灌溉和田间管理。⑥轮灌组的编组运行方式要有一定规律，以利于提高管道利用率并减少运行费用。

3）随机方式。随机方式用水是指管网系统各个出水口的启闭在时间和顺序上不受其他出水口工作状态的约束，管网系统随时都可供水，用水单位可随时取水灌溉。这种运行方式多用水单位较多、作物种植结构复杂及取水随意性大的大灌区中采用，本书不作详细介绍。

（4）树状管网各级管道流量计算。

1）续灌方式。因为整个系统出水口同时出流，所以管网中上一级管道流量等于下一级各管道流量之和。支管各管段设计流量按其控制的出水口个数及各出水口设计流量推算；同样，干管各管段设计流量按其控制的支管条数及各支管入口流量推算：

$$Q_{支i} = \sum_{j=1}^{n} q_j \qquad (5-12)$$

$$Q_{干i} = \sum_{j=1}^{m} Q_{支j} \qquad (5-13)$$

式中　$Q_{支i}$——第 i 条支管入口流量，m³/h；

　　　q_j——第 i 条支管第 j 个出水口流量，m³/h；

　　　n——第 i 条支管控制的出水口数；

　　　$Q_{干i}$——第 i 段干管流量，m³/h；

　　　$Q_{支j}$——第 i 段干管第 j 条支管入口流量，m³/h；

　　　m——第 i 段干管控制的支管条数。

2）轮灌方式。对于单井出水量小于50m³/h的井灌区，通常按开启一个出水口的集中轮灌方式运行，此时各条管道的流量均等于井出水量，同时开启的出水口个数超过两个时，按轮灌组计算各级管道流量。

（5）环状管网管道流量计算。环状管网管道各管段的流量与各节点的流量均有联系，流向任何一节点的流量不止一条路径。在管径未确定的情况下，到任一节点的水流方向有多种组合，不可能像树状网一样得到每一管段唯一的流量值。因此，应根据质量守恒定理进行流量分配，即流向任一节点的流量必须等于流出该节点的流量，计算公式如下：

$$Q_i + \sum q_{ij} = 0 \qquad (5-14)$$

式中　Q_i——节点 i 的节点流量，m³/h；

　　　q_{ij}——连接节点的 i 的第 j 管段流量（流入节点的流量为正，流出的为负）。

一个给水栓出水的单井单环网管道的设计流量，可按式（5-15）计算：

$$Q = \frac{Q_c}{2} \qquad (5-15)$$

式中 Q_c——一个给水栓的出流量，m^3/h。

多环管网在低压管道输水灌溉工程中比较少见，计算比较麻烦，因此本书不再详述，具体算法详见《给水管网计算手册》。

2. 水头损失计算

（1）沿程水头损失。管道沿程水头损失即管路摩擦损失水头，它发生在管道均匀流的直线段，是由于水流与管道内壁摩擦而消耗的机械能。

管道的沿程水头损失按式（5-16）计算：

$$h_f = f \frac{Q^m}{D^b} L \tag{5-16}$$

式中 h_f——沿程水头损失，m；

　　L——管长，m；

　　Q——体积流量，m^3/h；

　　m——流量指数；

　　f——沿程阻力系数；

　　D——管内径，mm；

　　b——管径指数。

式（5-16）中参数 f、m、b 可由试验得出，也可参考表5-1取用。

表 5-1　　　　　　　　　　　　　　f、m、b 值

管道种类		f_1	f_2	m	b
混凝土及当地材料管	糙率为 0.013	0.00174	1.312×10^6	2.00	5.33
	糙率为 0.014	0.00201	1.516×10^6	2.00	5.33
	糙率为 0.015	0.00232	1.749×10^6	2.00	5.33
旧钢管、旧铸铁管		0.00179	6.250×10^5	1.90	5.10
石棉水泥管		0.00118	1.455×10^5	1.85	4.89
硬塑料管		0.000915	0.948×10^5	1.77	4.77
铝质管及铝合金管		0.00800	0.861×10^5	1.74	4.74

注 1. f_1 用于 Q 的单位为 m^3/s、D 的单位为 m 的情况。

　　2. f_2 用于 Q 的单位为 m^3/h、D 的单位为 m 的情况。

地面移动软管，由于软管壁薄、质软，并具有一定的弹性，输水性能与一般硬管不同。过水断面随充水压力而变化，其沿程阻力系数和沿程水头损失不仅取决于雷诺数、流量及管径，而且明显受工作压力影响，此外还与软管铺设地面的平整程度及软管的顺直状况等有关。在工程设计中，地面软管沿程水头损失通常采用塑料硬管计算公式计算后乘以一个系数，该系数根据软管布置的顺直程度及铺设地面的平整程度取 1.1～1.5。

（2）局部水头损失。管道的局部水头损失产生在水流边界突然发生变化，即均匀流被破坏的流段，由于水流边界突然变形促使水流运动状态紊乱，从而引起水流内部摩擦而消耗机械能。例如，断面的突然扩大或缩小，断面的逐渐变大或收缩，水流通过弯头、三通、四通等管件时，以及水流通过各种闸阀、逆止阀、底阀、滤网等时。

局部水头损失一般以流速水头乘以局部损失系数来表示，见式（5-17）。管道系统的

总局部水头损失等于管道上各局部水头损失之和。在实际工程设计中，为简化局部水头损失的计算。通常取沿程水头损失的 $10\%\sim15\%$。

$$h_j = \zeta \frac{v^2}{2g} \tag{5-17}$$

式中　h_j——局部水头损失，m；

$\quad\quad\zeta$——局部损失系数；

$\quad\quad v$——关内流速，m/s；

$\quad\quad g$——重力加速度，为 9.81m/s^2。

局部损失系数 ζ 可参考 5-2 取用，也可通过试验得出。

表 5-2　　　　　　　　　　　局 部 损 失 系 数 ζ

名称	直角状进口	喇叭状进口	滤网	滤网带底阀	90°弯头
图形					
ζ	0.5	0.2	$2\sim3$	$5\sim8$	$0.2\sim0.3$（加 5%）
名称	40°弯头	渐细接头	渐粗接头	逆止阀	闸阀全开
图形					
ζ	$0.1\sim0.15$（加 50%）	0.1	0.25	1.7	$0.1\sim0.5$
名称	直流三通	折流三通	分流三通	直流分支三通	出口
图形					
ζ	0.1	1.5	1.5	$0.1\sim1.5$	0.1

（3）多孔出流管水头损失计算。等间距、等流量分流的管道称为多孔出流管（简称多孔管）。由于多孔管的流量沿流程逐段递减，计算沿程水头损失时应分段进行，逐段计算两出口之间管道沿程水头损失，叠加后即为该管段的沿程水头损失，计算起来很麻烦。为了简化计算，通常依据管首最大流量，先计算沿程流量不变（不考虑分流）时的沿程水头损失 h_f，再乘以一个小于 1 的折减系数（多口系数）F，即得多孔管的沿程水头损失：

$$H_f = Fh_f \tag{5-18}$$

多口系数 F 与出水口数目、孔口位置及流量指数有关，计算公式为

$$F = \frac{NF_1 + x - 1}{N + x - 1} \tag{5-19}$$

$$F_1 = \frac{1}{m+1} + \frac{1}{2N} + \frac{\sqrt{m-1}}{6N^2} \tag{5-20}$$

式中　m——所采用的沿程水头损失计算公式中的流量指数；

N——管上出水口数目；

x——第一个出水口到管道进口距离与出水口间距的比值；

F_1——$x=1$时的多口系数。

表 5-3、表 5-4 列出了常用铝质管及铝合金管、硬塑料管（流量指数 m 分别为 1.74、1.77）不同出口数目对应的多口系数。

表 5-3 铝质管及铝合金管（流量指数 $m=1.74$）的多口系数

出水口数目 N	多口系数		出水口数目 N	多口系数	
	$F_1(x=1)$	$F_{0.5}(x=0.5)$		$F_1(x=1)$	$F_{0.5}(x=0.5)$
2	0.651	0.534	17	0.394	0.376
3	0.548	0.457	18	0.393	0.376
4	0.499	0.427	19	0.391	0.375
5	0.471	0.412	20	0.391	0.375
6	0.452	0.402	22	0.388	0.374
7	0.439	0.396	24	0.386	0.373
8	0.430	0.392	26	0.384	0.372
9	0.422	0.388	28	0.383	0.372
10	0.417	0.386	30	0.381	0.371
11	0.412	0.384	35	0.379	0.370
12	0.408	0.382	40	0.378	0.370
13	0.404	0.380	50	0.375	0.369
14	0.401	0.379	100	0.370	0.367
15	0.399	0.378	>100	0.365	0.365
16	0.396	0.377			

表 5-4 硬塑料管（流量指数 $m=1.77$）的多口系数

出水口数目 N	多口系数		出水口数目 N	多口系数	
	$F_1(x=1)$	$F_{0.5}(x=0.5)$		$F_1(x=1)$	$F_{0.5}(x=0.5)$
2	0.648	0.530	17	0.390	0.372
3	0.544	0.453	18	0.398	0.372
4	0.495	0.423	19	0.388	0.371
5	0.467	0.408	20	0.387	0.371
6	0.448	0.398	22	0.384	0.370
7	0.435	0.392	24	0.382	0.369
8	0.425	0.387	26	0.380	0.368
9	0.418	0.384	28	0.379	0.368
10	0.413	0.382	30	0.378	0.367
11	0.407	0.379	35	0.375	0.366
12	0.404	0.378	40	0.374	0.366
13	0.400	0.376	50	0.371	0.365
14	0.397	0.375	100	0.366	0.363
15	0.395	0.374	>100	0.361	0.361
16	0.393	0.373			

（4）串联管道与并联管道水力计算

1）串联管道。由管径不同的管段依次连接而成的管道，称为串联管道。串联管道内的流量可以是沿程不变的，但往往是沿程每隔一定距离有流量分出，从而各段有不同的流量。因为各管段的流量、直径不同，所以各管段的流速也不同。这时，整个管道的总水头损失等于各管段水头损失之和，即

$$h_w = \sum_{i=1}^{n} h_{hci} = \sum_{i=1}^{n} (h_{fi} + h_{ji}) \tag{5-21}$$

式中　h_w——串联管道总水头损失，m；

h_{hci}——串联管道各管段的水头损失，m；

h_{fi}——串联管道各段沿程水头损失，m；

h_{ji}——串联管道各段局部水头损失，m；

n——串联管道管段数；

其余符号含义同前。

2）并联管道。凡是两条或两条以上的管道从同一点分叉而又在另一点汇合所组成的管道称为并联管道。在汇合点，管道的流量等于各分支管道流量之和，而各分支管道的水头则相等。因此，水头损失按下列公式计算：

$$\left.\begin{array}{l} h_w = h_{w1} = h_{w2} = h_{w3} = \cdots \\ Q = Q_1 + Q_2 + Q_3 + \cdots \end{array}\right\} \tag{5-22}$$

式中　Q——管道总流量，m^3/h；

Q_1、Q_2——并联管道各管道流量，m^3/h；

h_w——管道总水头损失，m；

h_{w1}、h_{w2}——并联管道各段的水头损失，m。

（5）丘陵区自流低压管道输水灌溉的水力计算。丘陵区自流低压管道输水灌溉的管道工作压力通常受静水压力控制。因此，除进行上述水力计算外，尚需按静水压力进行校核。

（6）树状管网水力计算。树状管网水力计算是在管网布置后和各级管道流量已确定的前提下，且满足约束条件下，计算各级管道的经济管径。当管道首端水压未知时，根据管径、流量、长度计算水头损失，确定首端工作压力，从而选择适宜机泵。当管道首端水压已知时，则在满足首端水压条件下，确定管网各级管道的管径。

1）管网水力计算控制点的确定。管网水力计算的控制点是指管网运行时所需最大扬程的出流点，即最不利灌水点。一般应选取离管网首端较远且地面高程较高的地点。在管网中这两个条件不可能同时具备，因此应在符合以上条件的地点中综合考虑，选出一个最不利灌水点作为设计控制点。在轮灌方式中，不同的轮灌组应选择各轮灌组的设计控制点。

2）管网水力计算线路的确定。管网水力计算线路是自设计控制点到管网首端的一条管线。对于不同的轮灌组，水力计算的线路长度和走向不同，应确定各轮灌组的水力计算线路。对于续灌方式则只需选择一条计算线路。

3）管段流量的确定。在已确定的计算线路中，首先分别计算各级管道的流量。将给水栓作为节点，根据各节点出流量及各管段流量，自控制点沿计算线路向上游逐级推算各管段设计流量。不同轮灌组的计算线路的管段流量可列表计算。同时，还应计算出各配水支管中各管段的流量。

4）各管段管径及水头损失计算。

a. 给水栓工作水头。在采用移动软管的系统中，一般采用管径为 $50\sim110\mathrm{mm}$ 的软管，长度一般不超过 $100\mathrm{m}$。给水栓工作水头计算如下：

$$H_{\mathrm{g}}=h_{\mathrm{yf}}+h_{\mathrm{gj}}+\Delta H_{\mathrm{gy}}+(0.2\sim0.3) \tag{5-23}$$

式中　　H_{g}——给水栓工作水头，m；

　　　　h_{yf}——移动软管沿程水头损失，m；

　　　　h_{gj}——给水栓局部水头损失，m；

　　　　ΔH_{gy}——移动管道出口与给水栓出口高差，m。

当出水口直接配水入畦时，式（5-23）中 $h_{\mathrm{yf}}=0$，$\Delta H_{\mathrm{gy}}=0$。

b. 干管各管段管径确定。对于需配置机泵的管网，首先根据管材确定经济流速，然后根据管段流量和经济流速确定管径。在工程运行中，通常上级管道累计通过的水量大于下级管道，故上级管道的水头损失在运行费用中所占的比例也大于下级管道。因此，在确定经济流速时，累计通过水量大的管段应选较小值，累计通过水量小的管段应选较大值。不同管材所选流速范围参考表 5-7。

对于已有水泵或自压管网系统，管网首端水压已定，首先应根据各出水口高程及所需水头计算线路中各级管道的水力坡度，然后根据各管段设计流量计算管径，最后选择与计算管径值接近的标准管径。

在选择管径时，下游管径不应大于上游管径。选择完毕后，还应根据不淤流速和最大允许流速校核各级管道的流速。

c. 水头损失计算。根据选用的管材和各管段管径，计算各管段沿程水头损失和局部水头损失。不同轮灌组各管段管径和水头损失应分别计算。计算中各轮灌组共用的干管管段应当选取相同的管径，最后选取管网首端压力最高的轮灌组压力为系统设计压力。计算时，局部水头损失可按沿程水头损失的一定比例简化计算，一般为沿程水头损失的 $10\%\sim15\%$。控制线路的水力计算可采用表 5-5 的格式进行。

表 5-5　　　　　　　　　　　　控制线路的水力计算

管段	长度 /m	流量 /(L/s)	经济流速 /(m/s)	管径 /mm	校核流速 /(m/s)	h_{f} /m	h_{j} /m	h_{w} /m
1—2								
2—3								
⋮								
(n-1)—n								
合计								

注　表中 h_{f} 为沿程水头损失，h_{j} 为局部水头损失，h_{w} 为总水头损失。

5）计算线路各节点水头推算。输水干管线路中，各节点水压是根据各管段水头损失和节点地面高程自下而上推算出的：

$$H_0 = H_2 + \sum h_i - H_1 \qquad (5-24)$$

式中　H_0——上游节点自由水头，m；

　　　H_1——上游节点高程，m；

　　　H_2——下游节点高程，m；

　　　$\sum h_i$——上下游节点间总水头损失，m。

管网各节点及沿线不得出现负压，节点自由水头应满足支管配水要求，且不得大于管材的允许工作压力。管网入口节点的水压确定之后，可根据净扬程计算水泵所需总扬程，以便选择适宜的机泵。

6）配水支管的管径确定。干管各节点水压确定后，各支管起点水压即可确定。首先根据各支管首末端水头计算各支管平均水力坡度，然后计算各条支管管径。支管中间如有出流，可先确定出流处的水压。由此确定出流处上下管段的平均水力坡度，再分别计算出管段的管径。其中，平均水力坡度为计算管段上下游节点水头差与计算管段管长的比值。

与干管管径的确定方法不同，支管按水力坡度确定管径，以便充分利用干管中各节点的水头。对于自压式和机泵已配置的输配水管网系统，选出各支管最不利灌水点作为控制点计算各支管平均水力坡度，然后根据各管段设计流量和平均水力坡度按式（5-25）计算并确定管径。计算时可按表5-6的格式进行。

$$D = \left(f \frac{Q^m}{i} \right)^{1/b} \qquad (5-25)$$

式中　i——平均水力坡度，为管段上游节点与下游节点水头差除以管段长度；

　　　其余符号含义同前。

表5-6　　　　　　　　　　　　配水支管水力计算

支管编号	管段	流量 /(L/s)	管长 /m	平均水力坡度 /i	计算管径 /mm	确定管径 /mm	水头损失 /m
支1	1—2						
	2—3						
支2	1—2						
	2—3						

（7）环状管网水力计算。树状管网和树环混合管网均是环状管网的特例。目前，国内外环状管网水力计算方法的思路基本相同，即简化水头损失计算公式，然后根据连续方程和能量方程建立节点方程，再将非线性方程组线性化，最后选择合适的计算方法求解线性方程组。通常，环状管网水力计算程序或软件均可用于求解树状管网和树环混合管网。

1）水头损失简化计算公式为

$$h_w = h_f + h_j = \left(f \frac{l}{d^b} + \frac{\zeta}{2gA^2 Q^{a-2}} \right) Q^a = cp Q^a \qquad (5-26)$$

式中　h_w——总水头损失，m；

　　　cp——简化系数；

Q——管道流量，m^3/s；

a——流量指数；

其余符号含义同前。

2）节点方程建立。将管网上所有给水栓都看作节点，每个节点可有上游节点集合、下游节点集合和出流量三部分。对于管网的所有节点，规定流入节点的流量取正值，流出节点的流量取负值。对如图 5-1 所示的任一节点 i，可建立节点的连续方程和能量方程如下：

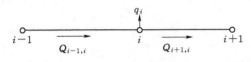

图 5-1　管网节点示意

$$\left.\begin{array}{l} Q_{i-1,i}-Q_{i,i+1}-q_i=0 \\ E_{i-1}-E_i=cp_{i-1,i}Q_{i-1,i}^a \\ E_i-E_{i+1}=cp_{i,i+1}Q_{i,i+1}^a \\ E_i-Z_i=cg_iq_i^\beta \end{array}\right\} \quad (5-27)$$

式中　E_{i-1}——i 节点上游节点能量（水头），m；

$\quad\quad E_i$——i 节点能量（水头），m；

$\quad\quad E_{i+1}$——i 节点下游节点能量（水头），m；

$\quad\quad Q_{i-1,i}$——上游节点流入节点 i 的流量，m^3/s；

$\quad\quad Q_{i,i+1}$——i 节点流入下游的节点流量，m^3/s；

$\quad\quad q_i$——流出节点 i 的流量；

$\quad\quad cp_{i,i+1}$——节点 i 与节点 $i+1$ 间管段流量系数；

$\quad\quad cp_{i-1,i}$——节点 $i-1$ 与节点 i 间管段流量系数；

$\quad\quad cg_i$——给水栓局部水头损失系数；

$\quad\quad \beta$——给水栓流量指数；

$\quad\quad Z_i$——给水栓（或出水口）高程，m。

其中 cg_i 和 β 根据用户输入的给水栓出水流量和工作水头计算。

由式（5-28）方程组变换后可得下列任一节点 i 的非线性方程组：

$$f_i(E)=\left(\frac{E_{i-1}-E_i}{cp_{i-1,1}}\right)^{\frac{1}{a}}-\left(\frac{E_i-E_{i+1}}{cp_{i,i+1}}\right)^{\frac{1}{a}}-\left(\frac{E_i-Z_i}{cg_i}\right)^{\frac{1}{\beta}} \quad (5-28)$$

3）非线性方程组线性化。管网水力学基本方程式（5-28）是一个大型非线性方程组，国内外关于该方程组的求解方法很多，但因计算复杂，通常借助于计算机来完成计算工作。

3. 管径确定

在各级管道流量已确定的前提下，各级管道管径的选取，对管网投资和运行费用有很大影响。对于有压输配水管道，当选用的管径增大时，管道流速减小，水头损失减小，相应的水泵提水所需的能耗降低，能耗费用减少，但是管材造价却增大。当选用管径减小时，管道流速增大，水头损失相应增大，能耗随之增高，能耗费用也增大，但管材造价却可降低。在一系列的管径中，可选取在投资偿还期内，管网投资年折算费用与年运行费用之和最小的一组管径，即经济管径。

（1）管网年费用。管网年费用是指管网系统投资偿还期内，管网投资年折算费用与年运行费用之和，即

$$F = aF_g + F_y \qquad (5-29)$$

$$a = \frac{i(1+i)^n}{[(1+i)-1]} \qquad (5-30)$$

$$F_y = F_d + \beta F_g + G = \frac{9.8ETQ_0(H_0+H)}{\eta} + \beta F_g + G \qquad (5-31)$$

式中　F——管网在投资期偿还期末的年费用；

　　　F_g——管网系统工程总造价，包括水源之外的所有固定管道、移动管道、管件及附属设施费用；

　　　a——均付因子；

　　　F_y——管网系统年管理运行费，包括动力、维系和管理费用；

　　　aF_g——管网造价年折算费用；

　　　i——年利率或折算率，%；

　　　n——复利的期数。

　　　F_d——管网年动力费用；

　　　β——年维修费率，以管网造价的百分比计算，%；

　　　βF_g——管网年维修费用；

　　　G——管理费用等；

　　　E——动力费用，元/（kW·h）；

　　　T——水泵年运行时间，h；

　　　Q_0——水泵运行时平均流量，m^3/h；

　　　H_0——设计工作水头，m；

　　　H——水泵运行时管网水头损失，m；

　　　η——机泵综合效率。

（2）管径确定的方法。管径确定的方法有计算简便的经济流速法和界限设计流量法，还有借助于计算机进行的多种管网优化计算方法。

无论采用哪种方法进行管径确定，都应满足以下约束条件：①管网任意处工作压力的最大值应不大于该处管材的公称压力；②管道流速应不小于不淤流速（一般取 0.6m/s），不大于最大允许流速（通常限制在 2.5～3.0 m/s）；③设计管径必须是已生产的管径规格；④树状管网各级管道管径应由上到下逐级逐段变小；⑤在设计运行工况下，不同的运行方式水泵工作点应尽可能在高效区内。

1）经济流速法。在井灌区和其他一些非重点的管道工程设计中，多采用计算工作量较小的经济流速法。该法是根据不同的管材确定适宜流速，然后由管道水力学公式计算经济管径，最后根据商品管径进行标准化修正。

$$D = 1000\sqrt{\frac{4Q}{3600\pi v}} = 18.8\sqrt{\frac{Q}{v}} \qquad (5-32)$$

式中　D——管道直径，mm；

v——管道内流速，m/s；

Q——计算管段的设计流量，m³/h。

经济流速受当地管材价格、使用年限、施工费用及动力价格等因素影响较大。若当地管材价格较低，而动力价格较高，经济流速应选取较小值；反之则选取较大值。因此，在选取经济流速时应充分考虑当地的实际情况。表 5-7 列出了不同管材经济流速的参考值。

表 5-7　　　　　　　　　　　　　　　　经 济 流 速

管材	混凝土管	石棉水泥管	水泥砂土管	硬塑料管	移动软管
经济流速/(m/s)	0.5~1.0	0.7~1.3	0.4~0.8	1.0~1.5	0.5~1.2

2）界限设计流量法。每种标准管径不仅有相应的经济流量，而且有其界限设计流量，按照界限设计流量范围选用的管径都是比较经济的。

确定界限设计流量的条件是相邻两个商品管径的年费用折算值相等。当两种管径的折算费用相等时，相应的流量即为相邻管径的界限设计流量。例如，设 $D_1 < D_2 < D_3$，若 Q_1 既是管径 D_1 的上限设计流量，又是管径 D_2 的下限设计流量；Q_2 既是管径 D_2 的上限设计流量，又是管径 D_3 的下限设计流量；则凡是管段流量在 Q_1 和 Q_2 之间的，应选用 D_2，否则就不经济。标准管径分档越细，则管径的界限设计流量范围也越小。

表 5-8 和表 5-9 是低压管道输水灌溉中常用的混凝土管材和塑料管材的界限设计流量与经济管径，设计时可参考使用。

表 5-8　　　　　　　　　　　　混凝土管界限设计流量　　　　　　　　　单位：m³/s

D /mm	a						
	0.8	1.0	1.2	1.4	1.6	1.8	2.0
63	c15	<12.5	<10.5	<8.8	<7.6	<6.1	<5.1
75	15.0~21.05	12.5~18.2	10.5~15.4	8.8~13.1	7.6~11.1	6.1~9.4	5.1~7.9
90	21.5~31.8	18.2~27.2	15.4~23.4	13.1~20.0	11.1~17.2	9.4~14.7	7.9~12.6
110	31.8~44.8	27.2~38.9	23.4~33.7	20.0~29.2	17.2~25.3	14.7~22.0	12.6~19.0
125	44.8~57.4	38.9~50.2	33.7~43.9	29.2~38.3	25.3~33.5	22.0~29.3	19.0~25.6
140	57.4~73.8	50.2~65.0	43.9~57.3	38.3~50.5	33.5~44.5	29.3~39.2	25.6~34.5
160	73.8~95.5	65.0~84.9	57.3~75.4	50.5~67.0	44.5~59.5	39.2~52.9	34.5~47.0
180	95.5~120.1	84.9~107.5	75.4~96.2	67.0~86.1	59.5~77.1	52.9~69.0	47.0~61.8
200	120.1~150.7	107.5~135.9	96.2~122.6	86.1~110.5	77.1~99.7	69.0~89.0	61.8~81.1
250	>150.7	>135.9	>122.6	>110.5	>99.7	>89.0	>81.1

注　1. 管径指数 $b = 5.33$，流量指数 $m = 2.0$。

　　2. a 为管线造价指数。

表 5-9　　　　　　　　　　　　塑料管界限设计流量　　　　　　　　　　单位：m³/s

D /mm	a						
	0.8	1.0	1.2	1.4	1.6	1.8	2.0
63	<16.4	<13.5	<11.1	<9.2	<7.3	<6.2	<5.1
75	16.4~23.4	13.5~19.5	11.1~16.3	9.2~13.6	7.3~11.4	6.2~9.5	5.1~7.9
90	23.4~34.3	19.5~29.0	16.3~24.6	13.6~20.8	11.4~17.6	9.5~14.9	7.9~12.6

D /mm	a						
	0.8	1.0	1.2	1.4	1.6	1.8	2.0
110	34.3～48.1	29.0～41.2	24.6～35.3	20.8～30.3	17.6～25.9	14.9～22.2	12.6～19.0
125	48.1～61.4	41.2～53.0	35.3～45.8	30.3～39.6	25.9～34.2	22.2～29.6	19.0～25.6
140	61.4～78.5	53.0～68.5	45.8～59.7	39.6～52.1	34.2～45.5	29.6～39.6	25.6～34.5
160	78.5～101.2	68.5～89.1	59.7～78.4	52.1～69.0	45.5～60.7	39.6～53.4	34.5～47.0
180	101.2～126.8	89.1～112.5	78.4～99.8	69.0～88.5	60.7～78.5	53.4～69.6	47.0～61.8
200	126.8～158.6	112.5～141.8	99.8～126.8	88.5～113.4	78.5～101.4	69.6～90.7	61.8～81.1
250	＞158.6	＞141.8	＞126.8	＞113.4	＞101.4	＞90.7	＞81.1

注　管径指数 $b=4.77$，流量指数 $m=1.74$。

4. 水泵扬程计算与水泵选择

（1）管网入口设计压力计算。管网入口是指管网系统干管进口，管网入口设计压力可按式（5-33）计算。采用潜水泵或深井泵的井灌区，管网入口在机井出口处；使用离心泵的水源，管网入口在水泵出口处。

$$H_{in}=\sum h_f+\sum h_j+\Delta Z+H_g \tag{5-33}$$

式中　H_{in}——管网入口设计压力，m；

$\sum h_f$——计算管线沿程水头损失，m；

$\sum h_j$——计算管线局部水头损失，m；

ΔZ——设计控制点与管网入口地面高程之差，m；

H_g——设计控制点给水栓工作水头，m，一般取 0.2～0.3m。

（2）水泵扬程计算。对于使用潜水泵或深井泵的井灌区，水泵扬程按式（5-33）计算；对于使用离心泵的水源，水泵扬程按式（5-35）计算：

$$H_p=H_{in}+H_m+h_{p1} \tag{5-34}$$
$$H_p=H_{in}+H_s+h_{p2} \tag{5-35}$$

式中　H_p——水泵扬程，m；

H_m——机井动水位，m；

h_{p1}——水泵进出水管总水头损失，m；

H_s——水泵吸程，m；

h_{p2}——水泵吸水管及底阀水头损失，m。

（3）水泵选型。根据以上计算的水泵扬程和系统设计流量选取水泵，然后根据水泵的流量-扬程曲线和管道系统的流量-水头损失曲线校核水泵工作点。

为保证所选机泵在高效区运行，对于按轮灌组运行的管网系统，可根据不同轮灌组的流量和扬程进行比较，选择水泵。若各轮灌组流量与扬程差别很大且控制面积大，可选择两台或多台水泵分别对应各轮灌组提水灌溉。

第二节　膜下滴灌灌溉技术

有关膜下滴灌灌溉技术的概念、优缺点、组成与分类等均已在灌溉排水学中介绍，因此，本节不再赘述，膜下滴灌灌溉系统设计为本节的主要介绍内容。

一、资料的收集

滴灌工程规划设计，需要收集项目区的自然条件、生产条件和社会经济等方面基本资料。

1. 自然条件

（1）地理位置及地形：项目区经纬度、海拔高程及有关自然地理特征；地形图，比例尺一般为 1/1000～1/5000，图上要标清项目区范围、水源位置、交通道路、输电线路、地面附着物等。

（2）土壤：项目区土壤特性，包括土壤质地、土层厚度、渗透系数、容重、土壤水分常数、土壤温度及盐碱情况等。

（3）水文地质、工程地质资料：浅层地下水位及其随季节的变化，滴灌工程中各项建筑设施位置的地质条件等。

（4）作物：作物种类、品种、种植结构及分布，生育期、各生育阶段及天数，日需水量，当地灌溉试验资料、灌溉制度、灌水经验、主要根系活动层深度等。

（5）水源：水源水位（机井的静水位、动水位或地表水源在灌溉期低水位、高水位），供水流量、水质分析报告，水中泥沙含量、泥沙粒径级配等。

（6）气象：气温、湿度、蒸发量、多年平均降水量、灌溉季节有效降水量，无霜期及最大冻土深度等。

2. 生产条件

（1）水利工程现状：引水、蓄水、提水、输水和机井等工程的类别、规模、位置、容量、配套完好程度和效益情况。

（2）生产现状：作物历年平均亩产，受旱、盐碱、虫灾、干热风、低温霜冻灾害及减产情况。

（3）动力和机械设备：电力或燃料供应，动力消耗情况，已有动力机械、农用耕种、收割机械情况。

（4）当地材料和设备生产供应：如滴灌工程建筑材料和各种管材、设备来源、单价、运距及当地生产的产品、设备质量、性能、市场供销情况等。

（5）农田规划及现状：项目区农田规划，路、渠、林、电力线路等布置状况。

3. 社会经济状况

（1）项目区的行政区划和管理：包括所在县、市、乡、镇或团场、营连名称，人口、劳力、民族及文化和农业生产承包方式，管理体制，技术管理水平等。

（2）经济条件：工农业生产水平、经营管理水平、劳动力管理方式及农业人口的经济状况等。

4. 规划设计常用基本数据

在进行规划设计时，常将所需的常用数据列表，见表 5-10。

二、滴灌系统的布置

1. 控制面积的确定

设计时应该首先进行水量平衡计算，以确定合理的控制面积。水源为机井时，应根据

表 5 - 10　　　　　　　　　　　　滴灌工程常用设计参数列表

序号	分项	内　　容		
1	地块	面积 A（hm² 或亩）：	地势：	
		地理位置：	地形图：见平面布置图，包括地块周边尺寸、地面坡降、地面附着物、构筑物、水源的具体位置	
2	土壤	土壤质地（分砂土、砂壤土、壤土、壤黏土、黏土）：		
		土壤容重 γ(g/cm³)：	田间持水量 $\theta_{田}$（％）：	土层厚度（cm）：
3	气象	年平均蒸发量（mm/年）：	年平均降雨量（mm/年）：	有效降雨强度 P_0(mm/d)：
		初霜日：	终霜日：	
4	作物	作物名称：	种植方向：	
		株行距（cm）：	作物耗水强度 E_a(mm/d)：	
5	水源	水源类型：	地下水位（m）：	
		水质　pH 值：	有机质含量：	
		水质　含沙量：	离子含量：	
6	动力			
7	管理方式			

机井出流量确定最大可能的控制面积。水源为河、塘、水渠时，应同时考虑水源水量和经济两方面因素确定最佳控制面积，目前地表水滴灌工程一个首部控制的灌溉面积一般为 1000～2000 亩，根据以往设计经验，较为经济的控制面积为 1000 亩，最好不要超过 1500 亩，而且灌溉作物最好为单一作物，不宜太多。

1）在水源供水流量稳定且无调蓄能力时，可用式（5-36）确定滴灌面积：

$$A = \frac{\eta Q t}{10 I_a} \tag{5-36}$$

式中　A——可灌面积，hm²；

　　　Q——可供流量，m³/h；

　　　I_a——设计供水强度，mm/d，$I_a = E_a \sim P_0$；

　　　E_a——设计耗水强度，mm/d；

　　　P_0——有效降雨量，mm/d；

　　　t——水源每日供水时数，h/d；

　　　η——灌溉水利用系数。

2）在水源有调蓄能力且调蓄容积已定时，可按式（5-37）确定滴灌面积：

$$A = \frac{\eta_{蓄} K V}{10 \sum I_i T_i} \tag{5-37}$$

式中　K——塘坝复蓄系数，$K = 1.0 \sim 1.4$；

　　　η——蓄水利用系数，$\eta = 0.6 \sim 0.7$；

　　　V——蓄水工程容积，m³；

　　　I_i——灌溉季节各月的毛供水强度，mm/d；

　　　T_i——灌溉季节各月的供水天数，d。

2. 总体布置

规划阶段工程布置主要是确定灌区具体位置、面积、范围及分区界限；确定水源位置，对沉淀池、泵站、首部等工程进行总体布局；合理布设主干管线。地形状况和水源在灌区中的位置对管道系统布置影响很大，一般应将首部枢纽与水源工程布置在一起。滴灌系统根据水源位置及系统规模大小，其管道一般分为四级或五级，即：干管、支管（辅管）、毛管或主干管、分干管、支管（辅管）、毛管。分干管布置在条田中间，支管垂直于种植方向，与分干管呈鱼骨式布置，辅管与支管平行布置，毛管垂直于辅管两侧呈鱼骨式布置，毛管与作物种植方向一致。干管埋入地下不小于 80cm，在管道起伏的高处、顺坡管道上端阀门的下游、逆止阀的上游均应设置进排气阀，管道末端设排水闸阀，可将余水排入渗井或排水渠。支管、辅管和毛管铺设于地面，支管通过出地管与干管相连，毛管铺在地膜下与播种同步进行。

（1）灌区范围的确定。根据工程建设的要求和行政区划及土地的具体情况，结合滴灌技术的特点，选定滴灌工程的位置，并确定滴灌面积、范围及灌区的界限。

（2）水源工程的布置。沉淀池、泵站、蓄水池、首部枢纽等统称为滴灌水源工程。在布置水源工程时，一个重要的影响因素是水源的位置和地形。当有几个可用的水源时，应根据水源的水量、水位、水质以及滴灌过程的用水要求进行综合考虑。通常在满足滴灌水量、水质需要的条件下，优先选择距灌区最近的水源，以便减少输水干管的投资。在平原地区利用井水作为滴灌的水源时，应尽可能地将井打在灌区中心。蓄水和供水建筑物的位置，必须有便于蓄水的地形和稳固的地质条件，并尽可能使输水距离减小。在有条件的地区尽可能利用地形落差发展自压滴灌。为了节省能源可以一级或多级提水灌溉，并应经过技术经济比较确定。在需建沉淀池的灌区，可以与蓄水池结合修建。

（3）系统首部枢纽和输水干管的布置。系统首部枢纽通常与水源工程布置在一起，但若水源工程距离灌区较远，也可单独布置在灌区附近或灌区中间，以便于操作和管理。

3. 管网的布置

（1）滴灌管网布置应遵循下列原则。①符合滴灌工程总体要求，井灌区的管网宜以单井控制灌溉面积作为一个完整系统。渠灌区应根据作物布局、地形条件，地块形状等分区布置，尽量将压力接近的地块分在同一个系统。②规划时首先确定出地管、给水栓的位置。给水栓的位置应当考虑到耕作方便和灌水均匀的问题。给水栓纵向的间距一般为 100～150m；横向间距一般按 200～300m 布置；使管道总长度短，管道顺直，水头损失小，总造价低而管理运用方便，少穿越其他障碍物。③输配水地埋固定管道应尽可能布设在坚实的基础上，尽量避开填方区以及可能发生滑坡或受山洪威胁的地带。若管道因地形条件限制，必须铺设在松软地基或有可能发生不均匀沉陷的地段，则应对管道基地进行处理。④根据水源和灌溉田块情况，输配水管网，一般输配水管道沿地势较高位置布置，支管垂直于作物种植行布置，毛管顺作物种植行布置。在平原地区可采用环状管网或树状管网，其各级管道应尽量采取两侧分水的布置形式；在山区丘陵地区宜采用树状管网，其主要管道应尽量沿山脊布置，以尽量减少管道起伏。地形复杂需要采用改变管道纵坡布置时，管道最大纵坡不宜超过 1:1.5，而且应小于或等于土壤的内摩擦角，并在其拐弯处或直管段超过 30 米时设置镇墩。固定管道的转弯角度应大于 90°。埋设深度一般应在冻土层深度以下，若入冬前能保证放空管内积水，则可适当浅埋。⑤输配水管网的进口设计流量和设计压力，应根据灌溉管道系统所需要的设计流量和大多数配水管道进口所需要的设计压力确定。若局部地区供水压力不足，而提高全系统压力又不经济，应采取增压措施，若部分地区供水压力过高，则可结合地形条件和供水压力要求，设置压力分区，采取减压措施，或采取不同等级的管材和不同压力要求的灌水方法，布置成不同的灌溉系统。在进行各级管道水利计算时，应同时验算各级管道产生水锤的可能性以及水锤压力的大小值，以便采取水锤防护措施。特别是在管道纵向拐弯处，应检查是否可能产生真空，导致管道破坏，应在管道规定压力中预留2～3m的水头余压。⑥输配水管网各级管道进口必须设置节制阀；分水口较多的配水管道，每隔3～5个分水口设置一个节制阀。管道最低处应设置退水泄水阀，各用水单位都应安设独立的配水口和闸阀，并应设置压力和流量装置，在水泵出口闸法的下游，压力池方水阀的下游以及可能产生水锤负压或水柱分离的管道处，应安装进气阀；在管道的驼峰处或管道最高处应安装排气阀，在水泵逆止阀的下游或闸阀的上游管道处应安装防止水锤的防护装置。⑦管网布置尽量平行与沟、渠、路、林带，顺田间生产路和地边布置，以利耕作和管理。⑧尽量利用地形落差实施重力输水。⑨避免干扰输油、输气管道及电讯线路等。⑩应尽可能发挥输配水管网综合利用的功能，把农田灌溉与农村供水以及水产、环境美化相结合，使输配水管网的效益达到最高。

（2）管网规划布置步骤。①根据地形条件分析确定管网类型；②确定给水栓和出地管的适宜位置；③按管道总长度最短原则，确定管网中各级管道的走向与长度；④在纵断面图上标注各级管道桩号、高程、给水装置、保护设施、连接管件及附属建筑物的位置；⑤对各级管道、管件、给水装置等，列表分类统计。

（3）管网布置。管网布置之前，首先根据适宜的地块长度和给水栓供水方式确定给水栓间距，然后根据经济分析结果将给水栓连接而形成管网。一般滴灌系统输水管网采用固定式管网，其布置形式主要采用树状管网，依据水源的种类和位置以及管网类型不同，其布置形式有如下几种。

1）水源位于田块一侧，树状管网一般呈"一"字形、"T"形和"L"形。这3种布置形式主要适用于控制面积较小的井灌灌区，一般控制面积为10～33.3hm²（150～500亩），如图5-2和图5-3所示。

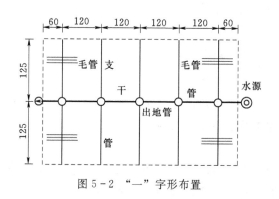

图5-2 "一"字形布置

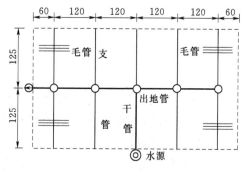

图5-3 "T"形布置

2）水源位于田块一侧，控制面积较大，一般为 40～100hm²（600～1500 亩）。地块成方形或长方形，作物种植方向与灌水方向相同或不相同时可布置成梳齿形或丰字形，如图 5-4 所示。

3）水源位于田块中心，控制面积较大时，常采用"工"字形和长"一"字形树枝状管网布置形式，如图 5-5、图 5-6 所示。

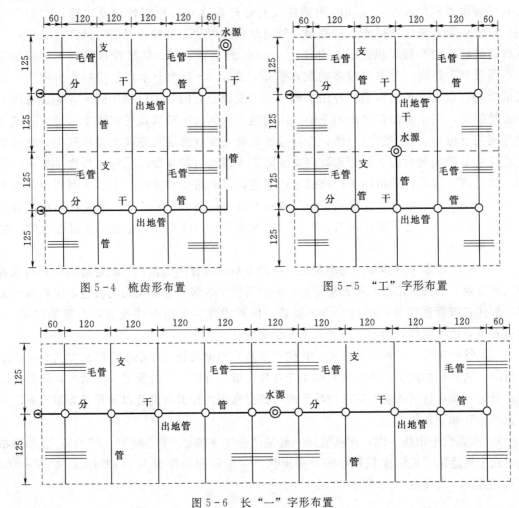

图 5-4 梳齿形布置　　　　　　　　　图 5-5 "工"字形布置

图 5-6 长"一"字形布置

第三节 喷灌技术

关于喷灌灌溉技术的概念、优缺点、组成与分类等均已在灌溉排水工程学中介绍，因此，本节不再赘述，喷灌灌溉系统工程规划为本节的主要介绍内容。

一、喷灌工程规划

喷灌工程的总体布置实际上就是在划定的喷灌区范围内，按照选定的喷灌类型，采用优化方案布置喷灌系统。不同类型的喷灌系统，其总体布置的侧重点不同。

1. 喷灌系统选型

(1) 选型原则。喷灌工程应根据因地制宜的原则，重点考虑以下因素选择系统类型：水源类型、位置、动力条件、地形地貌、地块形状、土壤质地等，同时兼顾降水量、灌溉期间风速、风向等气象因素和灌溉对象、社会经济条件、生产管理体制、劳动力状况及使用管理者素质等其他因素。

(2) 选型条件。①符合下列条件宜选用固定管道式喷灌系统：地形起伏较大，地面灌溉困难或不适于平整的浅薄层土壤地；生育期灌水频繁的作物，如经济作物及园林、果树、花卉和绿地；劳动力缺乏的地区，以便于实现机械化和自动化，可以免去灌溉季节的田间用工。②符合下列条件宜选用半固定管道式和移动管道式喷灌系统：劳动力相对丰富，经济条件一般的地区，同时地块较为平整、灌溉对象为大田粮食作物、不适合布置固定式喷灌系统的气候寒冷和冻土层较深的地区。③符合下列条件宜选用大中型机组式喷灌系统：土地开阔连片、田间障碍物少且种植作物为大田作物、牧草等，集约化经营程度相对较高的灌区，尤其是农场使用管理者应有较高的技术水平和管理技能。④符合下列条件宜选用轻小型机组式喷灌系统：劳动力相对丰富、经济不发达的地区，耕地较为分散的丘陵地区，水源较为分散无电源或供电保证程度较低的地区。

(3) 牧区喷灌系统选型条件。①牧区土地开阔连片、田间障碍物少且种植作物为大田作物、牧草等。②机组式喷灌系统自动化程度高、节省劳力的优点可以大大缓解劳动强度、降低人力成本；爬坡能力强、无需平整土地的优点使大型喷灌机完全适应牧区草原地形，不需要平整土地所需的资金投入；操作方便、灌溉与施肥一体化的特点既增加了设备利用率，又可以对作物进行精准灌溉与施肥，提高水肥利用率；使用寿命长、工作可靠的优点极大地降低了设备运行维护成本。例如：大型喷灌机的主要桁架结构件和行走机构可正常使用 15 年以上，以一台控制面积 33.3hm^2 的大型喷灌机计算，一次性设备投资 30 万元，每公顷投资 9000 元，如果以 15 年折旧年限计算，静态每公顷投资折旧费仅 600 元，大大低于微灌系统和其他形式的喷灌系统。③农业适度规模经营已成为我国现代农业建设的战略方向，农业规模化、集约化、规范化生产为大型农机具发展创造了广阔的市场空间。目前我国大型喷灌机正处于快速发展时期，在西部大开发、保障粮食安全、生态安全及实现水资源可持续发展中占有重要地位。④2004 年以来，中央和地方各级政府高度重视"三农"工作，为了提高农机化水平和农业综合生产能力，出台实施了农机购置补贴政策，并制定了相关的管理制度，加强专项监督管理。农机购置补贴资金直接来自于国家中央财政和各级地方财政。根据公开、公平、农户受益的分配原则，农户可享受 1/3～1/2 的农机购置补贴。如内蒙古自治区的农户在购买大型喷灌机时，可以享受 1/2 设备总价的补贴资金，同时还可以享受打井、铺设地埋电缆、安装变压器等配套设施总额的 1/3～1/2 的补贴。农机购置补贴资金的发放明显减轻了农民购置农机具的经济压力，有利于激发农户购置农机、进行规模化农业生产的积极性。

综合不同喷灌系统的优缺点，结合国家农业经营发展方向和国家对牧区的政策，以及牧区经济、地形、种植结构等实际情况，牧区的喷灌系统主要选择机组式喷灌系统。

2. 喷灌工程布置

(1) 管道式喷灌系统布置。管道式喷灌系统的各级管道布置取决于灌区的地形起伏、地块形状、耕作与种植方向、水源位置、风向及风速等情况，需要进行多方案比较，从中择优。

1）布置原则。喷灌工程布置应符合喷灌工程总体设计的要求，满足各用水单位的需要且管理方便。布置管道应以管道总长度最短为原则，以降低工程造价。在垄作田内，应使支管与作物种植方向一致；在丘陵山区，应使支管沿等高线布置；在可能的条件下，支管宜垂直主风向。管道的纵剖面应力求平顺，减少折点；有起伏时应避免产生负压。对刚性连接的硬质管道，应设伸缩装置；在连接地埋管和地面移动管的出地管，下端应设柔性连接，上端应设给水栓；在地埋管道的阀门处应建阀门井；在管道起伏的低处及管道末端应设泄水装置。固定管道应根据地形和地基、管材和竹径、气候条件、地面荷载及机耕要求等确定其铺设坡度、深度及对管基的处理。固定管道的末端及变坡、转弯和分叉处宜设镇墩，管段过长或基础较差时，应设支墩。移动式管道应根据作物种植方向、机耕等要求铺设，应避免横穿道路。高寒地区应根据需要对管道采取专用防冻设施。

2）布置内容。管道式喷灌系统的总体布置主要有两个内容：一是确定水源工程的位置或根据现有水源工程进行喷灌地块的合理划分；二是进行骨干管道的初步布置。①当水源工程位置或喷灌地块位置可选择时，应尽量使水源工程布置于喷灌地块的中央，以利于缩短管线，减小管径，减少投资，降低运行费用。②骨干管道初步布置时可根据喷灌区面积的大小、地形复杂的程度，将管道系统分为两级（干管、支管）、三级（干管、分干管、支管）或四级（总干管、干管、分干管、支管）。通常以给水栓为界把管道系统分为两部分：给水栓到水源之间的管道称为输配水管道系统（骨干管道），给水栓以下到田间的管道称为田间管道系统。

a. 骨干管道的布置一般应遵循的原则。管线的布置应与道路、林带、排水系统、供电系统及居民点的规划相结合。管道布置应使管道总长度尽量短。骨干管道中，安装给水栓的那一级管道布置是否合理，是输配水系统合理布置的关键。在山丘地区，应尽量使这级管道沿主坡向布置，若只能盘山（平行于等高线）布置，应设置在田块的上方。在平原地区，应尽量使这级管道沿路旁、田边布置，以便于用水和管理。当地块形状不规则时，应布置在能使支管长度一致、规格统一的位置上。

b. 骨干管道的布置形式。树枝状布置是目前我国喷灌系统管道布置中应用最普通的一种形式。这种布置形式管线总长度比较短，水力计算比较简单，适用于土地分散、地形起伏的地区，但管道利用率低，当运行中某一处管道出现故障时，常会影响到几条管道甚至全系统的运行。树枝状布置又有多种形式，包括"丰"字形、梳齿形、鱼骨形及其他。

环状布置在给水工程中应用较普遍，是由各级管道连接成的很多闭环组成的。它最大的优点是：如果某一水流方向管道出了故障，可由另一方向管道继续供水，使发生故障的那段管道之外的其他管道正常运行。这种布置形式，管道利用率高，且形成多路供水，流量分散，可减小管径，但管线总长度比较大，是否经济需经过分析比较确定，主要适用于地块连片面积较大的固定管网。

（2）机组式喷灌系统的布置。机组式喷灌系统的布置除遵循管线最短、流量分散、运行管理方便等一般原则外，根据各种机组不同特点，在布置上要点有所不同。

1）平移式喷灌机控制面积是矩形，引水为渠道或管道，当有多台机组采用渠道引水时，应从干渠引出单台机组的取水渠道，每条取水渠道一侧布置1台平移喷灌机，因此引水渠道长度即为平移式喷灌机主塔架行走的距离，引水渠道的间距即为平移式喷灌控制的喷洒幅宽，即由此确定每台平移式喷灌机控制地块的长和宽。当采用管道引水时，机组通过快速接头或软管与引水管的给水栓连接，行走一定距离后，拆下快速接头再与下一个给水栓连接，直至完成喷灌作业。

2）中心支轴式喷灌机控制面积大多是圆形，其水源多为固定的机井，一个系统配置1眼机井，若1眼机井的供水量不足，也可采用多井联合通过蓄水池供水。中心塔架即在机井或蓄水池位置，其余塔架和支管均绕中心塔架做圆周运动。因此，在布置时，应先确定1台机组控制面积（即圆面积），在平面图上按圆形布设多台机组，同时确定井位，制定打井规划。中心塔架位置确定后，其桁架总长即圆半径，据此与每跨桁架长确定桁架和塔架数。当机组不带角臂装置时，为了提高土地利用和达到最大喷洒控制面积，多台机组应布置成梅花形，中心塔架（即井位）连线交角应为60°，也可在几个圆交会喷不到的地块处布置其他灌溉设施。

3）绞盘式喷灌机一个位置喷洒时湿润图形是一个条带，首先需要确定条带的长、宽。考虑两次喷洒时的叠加，喷头的喷洒直径乘以一个折减系数为条带宽度；以PE半软管长度加末端延伸出的喷洒范围再减去放带安全长度为条带长度。布置时条带长度大致等于田块长，若是双侧布置，则为田块长的1/20绞盘式喷灌机系统的供水水源大多是通过压力管道将水送到田边，由设在压力管道上的给水栓向喷灌机供水，一般喷灌机上不再另设加压装置，故压力管道供至给水栓处的水应保证有足够的入机压力。一个条带设一个给水栓，给水栓的布置间距则等于条带宽，而压力管道即干管的间距等于条带长度（若双侧供水，则等于2倍条带长）。布置管道和喷灌机的同时应布置喷灌机作业时的田间路。

4）轻小型喷灌系统布置。由于轻小型喷灌机适用于地形较复杂、水源分散、地块零星和缺少电力供应的地区，其布置形式多种多样。当系统只有一两台机组时，可根据实际需要较随意地布置；当系统有多台喷灌机时，应经分析对比，优化布置方案。其布置主要原则和方法如下。

a. 首先确定单台机组控制面积和控制图形形状，在喷灌区内进行初步布设，得到总工作位置点，若单机面积、图形和系统不适应，可另选其他型号机组。

b. 根据水源和地块位置确定是否需加设超出喷灌机原配带的输水管道，加设的管道是采用地埋方式还是地面移动方式，计算出长度。

c. 考虑一台喷灌机在轮灌周期内可工作几个位置，确定总共需要的喷灌机台数。

d. 在布置图上确定每台喷灌机喷洒控制范围和每个工作位置及加设管道位置，布置时，应使喷灌机组和管道、喷头等设备移动方便。

二、机组式喷灌系统设计

根据喷灌系统选型，我们已知牧区主要运用的是机组式喷灌系统，接下来我们主要介绍一下机组式喷灌系统的设计过程。

1. 轻小型喷灌机组灌溉系统设计

轻小型喷灌机组一般适用于地块面积小、水源分散的地块灌溉。在地块面积较小、水源比较分散或坡度较大的地方，可采用手抬式喷灌机组；在地块面积稍大、水源较集中和充足，以及地面比较平坦的地方，可采用手推车式喷灌机或拖拉机配套的喷灌机组。

（1）机组台数的确定。

1）单台机组的控制面积。单台机组的控制面积可按式（5-38）计算：

$$A_0 = 1.5Tt_dQ\eta_p/m \tag{5-38}$$

式中　A_0——单台喷灌机组的控制面积，亩；

　　　T——设计灌水周期，d；

　　　t_d——喷灌机组每天净喷灌时间，一般取 8～10h；

　　　Q——喷灌机组流量，m^3/h，根据喷头的喷水量和所带喷头数计算得到；

　　　η_p——喷洒水利用系数；

　　　m——设计灌水定额，mm。

2）机组台数。喷灌面积上所需喷灌机组的台数按式（5-39）计算：

$$n = \frac{A}{A_0} \tag{5-39}$$

式中　n——机组台数，递进取整；

　　　A——设计喷灌面积，亩。

（2）喷洒方式。轻小型喷灌机组可带单喷头或多喷头。

1）全圆喷洒。多喷头作业常采用全圆喷洒方式，喷头布置与管道式喷灌系统相同，一般在风向多变的情况下，采用正方形布置，在稳定主风向的情况下，采用矩形或等腰三角形布置。

2）扇形喷灌。带单喷头的轻小型机组，为避免喷湿机行道，一般采用扇形喷洒方式。作业时，喷灌机若为单向灌溉，则喷头最好顺风喷洒；喷灌机若为双向灌溉，则喷头应垂直风向喷洒。

3）喷头组合形式。全圆喷洒时，喷头组合形式与管道式系统喷头组合形式相同。扇形喷洒矩形组合和扇形喷洒等腰三角形组合时，扇形中心角常取 $\alpha = 240°\sim300°$；矩形组合时喷头布置间距理论计算值为 $a = (0.9\sim1.0)R$，$b = (1.1\sim1.3)R$；等腰三角形组合时喷头布置间距理论计算值 $a = (0.9\sim1.0)R$，$b = (1.2\sim1.4)R$。扇形喷洒的喷头组合形式示意图如图 5-7 所示。

（3）田间布置。轻小型机组按配备喷头数量分为单喷头机组和多喷头机组，作业时喷头与水泵间常用涂塑软管或铝合金管道连接。按喷头间距和支管间距布置支管及干管（或渠道），并在干管或渠道上按支管间距布置给水栓或机组工作池，在一般情况下应尽可能使支管顺耕作方向布置，在坡地、梯田，支管应顺等高线布置。

1）单喷头机组。单喷头机组不进入田间工作，仅沿田间渠道移动，喷头及管道在田间移动，如图 5-8 所示。当机组在位置 A_1 时，喷头随管道引出至 B_1 点进行扇形喷洒，当 B_1 点喷完后，退至 B_2 点喷洒，依次喷完此条工作条带，再将喷头连同管道移至渠道另一侧的 C_1、C_2 等点进行喷洒。当取水点 A_1 两边均喷洒完毕后，将机组移至位置 A_2，重复上述方式进行喷洒。

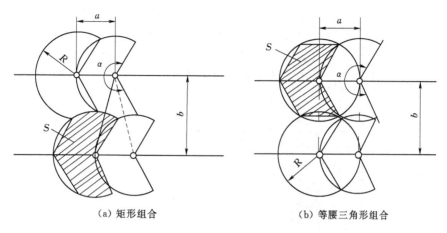

（a）矩形组合 　　　　　　　　（b）等腰三角形组合

图 5-7　扇形喷洒的喷头组合形式示意图

R—喷头射程；a—喷头间距；b—支管间距；S—喷头有效控制面积；α—扇形中心角

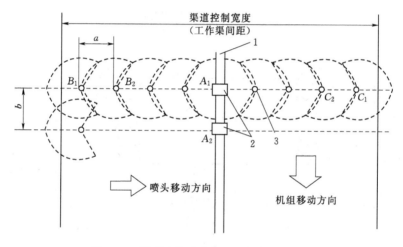

图 5-8　管引式单喷头机组田间布置示意图

1—工作渠；2—机组；3—喷点

2）多喷头机组。多喷头机组田间布置如图 5-9～图 5-11 所示。

（4）喷灌强度与喷灌时间。

1）喷灌强度。喷灌强度的计算方法见规划参数相关内容，特别注意轻小型喷灌机组。为了移机方便，在单喷头喷洒时，大多采用扇形喷洒。

2）喷灌时间。喷灌时间是指为达到设计灌水定额，喷头在每个位置上所需连续喷洒的时间，可按式（5-40）计算。

$$t=\frac{mS}{1000q_{\mathrm{p}}\eta_{\mathrm{p}}} \tag{5-40}$$

式中　t——喷灌时间，h；

　　　m——设计灌水定额，mm；

　　　S——喷头有效控制面积，m^2；

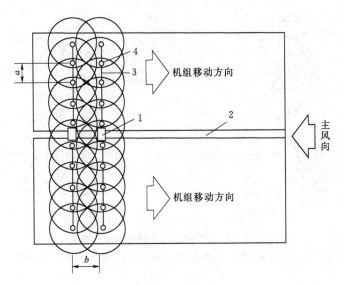

图 5-9　管引式多喷头机组田间布置形式（一）

1—机组；2—工作渠；3—支管；4—喷头

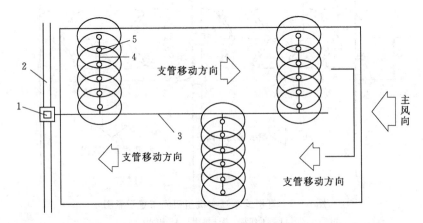

图 5-10　管引式多喷头机组田间布置形式（二）

1—工作渠；2—机组；3—干管；4—支管；5—喷头

q_p——喷头流量，m^3/h；

η_p——喷洒水利用系数。

（5）田间工程设计。轻小型机组式喷灌系统田间工程设计的主要任务是设计输水明渠或输水暗管，确定工作池尺寸及布置机行道等。

1）明渠。明渠的设计流量应根据从其中取水的喷灌机的设计流量，并考虑输水损失确定，明渠宜采取防渗措施，以减少输水损失，提高水的利用系数。

2）暗管。暗管一般为无压或低压输水管道，其断面尺寸计算方法与一般排水管相同，埋设深度应考虑机耕和冬季防冻要求，埋深一般不小于 0.6m。为防止堵塞，输水管从明渠或暗管引水时，进口应设置拦污栅。

3）工作池。工作池是喷灌机组的取水点，由于水泵吸水管进口要求有一定的淹没水

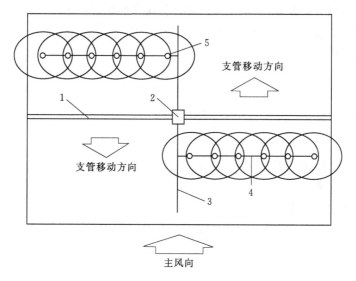

图 5-11 管引式多喷头机组田间布置形式（三）
1—机组；2—工作渠；3—干管；4—支管；5—喷头

深，所以机组从明渠或暗管取水时，一般应设置工作池，工作池中的水深一般不小于 0.5m。如果明渠水深超过此值，可不设工作池。

4）机行道。在明渠或暗管一侧，应设机行道，机行道的宽度应大于机组的宽度，以确保机组能方便地移动。

2. 绞盘式喷灌机灌溉系统设计

绞盘式喷灌机是由软管供水，通过绞盘缠绕软管或钢索，牵引一个单喷头的喷头车或若干个折射式喷头的桁架车，在移动过程中进行喷灌作业。本节主要介绍单喷头的软管牵引绞盘式喷灌机灌溉系统设计。

（1）机组选型及技术参数选择。机型的选择，应综合分析下列因素进行确定：①设计灌溉面积大小及地形、地块形状等。②作物种类、根系深度、高峰需水量。③土壤类型及持水能力。④水源水质、水量。⑤风速、风向等。⑥对已建供水系统，还应考虑已建系统的扬程或给水栓处所能提供的压力水头。喷灌机型号选择后，应对喷嘴型号、连接压力等参数进行选择，并确定喷灌机在选定参数下的工作流量。

（2）喷灌强度校核。喷灌机型号确定后，应进行喷灌强度校核，喷灌强度不应超过灌溉地块土壤的允许喷灌强度。一般高压远射程喷头以 240°～300°的扇形角喷洒，从横向喷洒均匀度考虑扇形角以 270°为好。

绞盘式喷灌机的平均喷灌强度可由式（5-41）计算：

$$\rho_{\text{p}} = \frac{3.6 \times 10^5 K q_{\text{p}}}{\pi R^2 \beta} \tag{5-41}$$

式中 ρ_{p}——平均喷灌强度，mm/h；

q_{p}——喷头喷水量，m³/h；

R——喷头射程，m；

β——扇形喷洒角，240°～300°；

K——折减系数，$K=0.67\sim0.9$，按运行速度的快慢选取，速度快时取小值。

（3）估算系统总流量和喷灌机数量。

1）系统总流量估算为

$$Q=\frac{ET_aA}{1.5t_d\eta_p}$$ (5-42)

式中 Q——系统总流量，m^3/h；

A——系统控制的总灌溉面积，亩；

ET_a——高峰期日需水量，mm/d；

t_d——机组日净工作小时数，h；

η_p——喷洒水利用系数。

2）喷灌机数量估算。喷灌机台数按式（5-43）确定：

$$N=\frac{Q}{a}$$ (5-43)

式中 N——所需喷灌机台数，四舍五入取整；

q——单台喷灌机额定流量，m^3/h。

（4）田间布置。绞盘式喷灌机系统的田间布置应考虑以下因素。

1）在布置主管道时，应考虑作物种植方向、水源位置、地形坡度等因素，确定供水主管道布置走向。根据从主管道取水的喷灌机台数和单台喷灌机流量等因素确定管径大小。

2）垂直于主管道方向将田块分成长条形地块，给水栓沿主管道布置，给水栓间距根据喷洒宽度来确定。喷灌机沿主管道双侧灌溉时，长条地块最大长度可略大于2倍管长；喷灌机沿主管道单侧灌溉时，长条地块最大长度可略大于管长。对于不规则地块，亦可分成长度不等的条形地块来灌溉。考虑风向，条形地块的轴线宜垂直于主风向。

3）在地块中央布设喷头车行走通道，宽度根据喷头车轮距确定，一般为2.4～3.6m。灌溉低矮作物时，可不设专用通道。

4）绞盘式喷灌机可在坡度低于11°的地面上运行，布置喷头车行走道时均应考虑地面坡度。

5）为提高灌水均匀度，喷洒湿润带要搭接一部分，确定条形地块宽度时可参考式（5-44）：

$$B=k_sR$$ (5-44)

式中 B——条形地块宽度，m；

k_s——条形地块宽度设计系数，可参见表5-26；

R——喷头射程，m。

表 5-11　　　　　　　条形地块宽度设计系数 k_s

风速/(m/s)	无风	＜2	2～4.5
宽度设计系数 k_s	1.6	1.4～1.5	1.2～1.3

注　宽度设计系数是指条形地块宽度与喷头射程的比值。

（5）轮灌设计。

1）确定机组牵引速度。可以根据厂家提供的喷灌机工作参数表，按流量、条形地块宽度、灌水定额等参数选定牵引速度，也可根据式（5-45）计算：

$$v = 1000 \frac{q\eta_p}{Bm} \tag{5-45}$$

式中　v——机组牵引速度，m/h；

q——喷灌机的流量，m³/h；

B——条形地块宽度，m；

其余符号含义同前。

2）一块条形地块所需的灌水时间。

一块条形地块所需的灌水时间按式（5-46）计算：

$$t = \frac{L}{v} \tag{5-46}$$

式中　t——一块条形地块所需的灌水时间，h；

L——条形地块长度，m；

其余符号含义同前。

3）轮灌周期。轮灌周期按式（5-47）计算：

$$T = \frac{m}{ET_a} \tag{5-47}$$

式中　T——轮灌周期，d；

其余符号含义同前。

4）一台机组可控制条形地块数目。一台机组可控制条形地块数目按式（5-48）计算：

$$n = \frac{t_d T}{t} \tag{5-48}$$

式中　n——一台机组可控制的条形地块数目；

其余符号含义同前。

5）确定所需机组的台数。设计灌溉面积内需要机组的台数可用总条形地块数除以一台机组可灌溉的条形地块数得到。当条形地块长度不等时，也可在轮灌排序后，再确定所需机组台数。若最终确定的喷灌机台数与估算的喷灌机台数不一致，系统估算总流量将与同时工作的喷灌机流量之和不一致，应重新校核系统总流量，也可通过调整日工作时间使系统流量与工作台数相匹配。

3. 大型喷灌机喷灌工程设计

大型喷灌机包括中心支轴式喷灌机和平移式喷灌机两种，一般由数个至十几个塔架组合而成，并由驱动机构驱动行走。

大型喷灌机组一般由标准设备组成，喷灌机的性能参数、设备配套和材料选用在出厂前已经确定。在大型喷灌机组喷灌工程的规划设计中，规划设计的重点包括：水源工程的规划设计，灌溉制度的制定，机组控制面积的计算，机组布置方式、位置和台数的确定，根据喷灌机性能参数校核系统在运行状况下是否满足喷洒质量要求等。

（1）中心支轴式喷灌机灌溉系统设计。

1）田间工程布置。中心支轴式喷灌机，都是在中心支轴处集中取水并向整个喷洒系统供水，取水方式一般有以下3种：①抽取地下水。在中心支轴附近打井，由喷灌机的自备水泵机组抽取地下水。这要求灌区内有丰富的浅层地下水源及较大的给水度，单井出水量一般为80～200m³/h。目前，最常采用这种取水方式。②由高压管网供水。在田间布置地下高压管网将有压水送到喷灌机的中心支轴处，无须自备加压水泵机组。供水点应能完全满足喷灌机对水压力与流量的要求，压力一般应达到500～600kPa。③由低压管网供水。是一种介于前两种取水方式之间的供（取）水方式，将低压水通过管网输送到喷灌机的中心支轴处，再由每台喷灌机的自备水泵机组加压。对供水管网的抗压强度要求较低，但需增加加压机组。

中心支轴式喷灌机田间工程的布置方式如图5-12和图5-13所示。当整个系统布置有多台机组时，以喷灌管道长度为半径画出的圆相切，布置方式有方形和三角形两种。方形布置时漏灌面积占21.46%，三角形布置时漏灌面积占9.33%，如果采用带有角臂的中心支轴式喷灌机喷灌，则可以解决漏喷问题，提高灌溉土地利用率，但造价也相应提高。

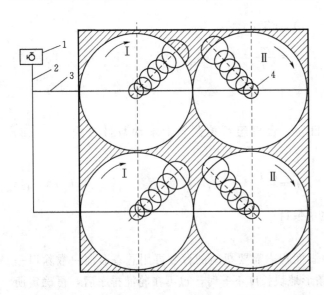

图5-12　中心支轴式喷灌机方形配置时的田间工程布置
1—泵站；2—干管；3—分干管；4—中心塔架

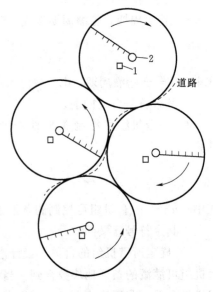

图5-13　中心支轴式喷灌机三角形
配置时的田间工程布置
1—泵站；2—中心塔架

2）有关参数确定。

a. 确定湿润圆半径 R（m）及相应湿润圆面积 A（亩）。

b. 确定灌水临界期作物需水量 ET（mm/d）和喷洒水利用系数 η_p。

c. 确定支管总流量 Q_0（m³/h），可按式（5-49）计算：

$$Q_0 = \frac{ET_a A}{36\eta_p}$$

（5-49）

式中 Q_0——按 24h 连续工作时计算的流量，m^3/h；

其余符号含义同前。

d. 确定转一圈的最短时间 t_1，可按式（5-50）计算：

$$t_1 = \frac{2\pi R_L}{60 v_{max}} \qquad (5-50)$$

式中 t_1——转一圈的最短时间，h；

R_L——末端塔架至中心支轴的距离，m；

v_{max}——末端塔架最大前进速度，在机组性能说明书中有规定，m/min。

e. 按 v_{max} 转一圈的最小净灌水深 h_j，可按式（5-51）计算：

$$h_j = ET_a t_1/24 \qquad (5-51)$$

式中 h_j——按 v_{max} 转一圈的最小净灌水深，mm；

其余符号含义同前。

此时，百分率时间继电器的读数 x 范围是 $0\sim100$，当其读数为 $0\sim100$ 内的任一数 x 时，转一圈的最小净灌水深为

$$h_j = ET_a t_1/24x \qquad (5-52)$$

相应末端塔架前进速度 v_x 为

$$v_x = v_{max} x \qquad (5-53)$$

式中 v_x——末端塔架前进速度，m/min。

f. 喷灌强度的校核。在设计中常以末端喷头的喷灌强度为控制数值，中心支轴式喷灌机喷灌时，允许土壤表面局部积水成洼，但以不产生径流为限。土壤表面允许积水深值可参见表 5-12。

表 5-12   土壤表面允许积水深值 β_a

地面坡度/%	$0\sim1$	$1\sim3$	$3\sim5$
β_a/mm	12	8	5

g. 确定运行的最小速度 v_{min}。当土壤透水性大时，v_{min} 可由机组本身的性能确定。一般可调至略大于百分率时间继电器的 10% 运行，此时即是机组的 v_{min}。

当土壤黏重时，由允许地面积水深的数值来确定。根据试验资料，画出积水深 β_a 和受水时间 t 的关系曲线，根据允许积水深可查得最长受水时间 t，再根据 t 求出末端塔架的最小运行速度。

末端塔架运行的最小速度 v_{min}（m/min）可按式（5-54）计算：

$$v_{min} = \frac{2r}{60t} \qquad (5-54)$$

式中 r——末端喷头射程，m；

t——受水时间，h。

以 v_{min} 运行一圈相应所需时间 t_2（h）为

$$t_2 = \frac{2\pi R_L}{60 v_{min}} = \frac{\pi R_L t}{r} \qquad (5-55)$$

喷灌机运行一圈的时间可在 $t_1 \sim t_2$ 内调节，t_2 相应的灌水深 h_j(mm) 为

$$h_f = ET_a t_2 / 24 \qquad (5-56)$$

实际末端塔架运行速度应在 v_{max} 和 v_{min} 之间。

h. 灌水周期 T_0 为

$$T_0 = m_j / ET_a \qquad (5-57)$$

式中　m_j——净灌水定额，mm。

喷灌机中心支轴处的压力和流量及支管的压力分布可查厂家提供的手册。

(2) 平移式喷灌机系统设计。

1) 田间工程布置。平移式喷灌机管道的最大长度一般为 400m 左右，田间供水明渠或给水栓的间距为 1 倍或 2 倍管道长。单向行程可达 2000～3000m，单机控制面积可达 3000 亩左右。如果考虑到作物的轮灌周期，单向行程不宜过长，双向行走时间不应超过最大的灌水间隔时间。一般控制面积达 1000 亩，单向行程达 1600m 左右。

由于平移式喷灌机的喷水量大，而且是边走边喷，为保证吸水滤网淹没深度，要求供水渠道必须有足够的深度。供水明渠一般要衬砌，必要时应加装拦污设备，并及时清污。对于带软管的机组还应考虑留有软管拖道。为确保整个机组平直移动，一般还要在地面上安装导向索或开导向沟。

2) 有关参数的确定。

a. 灌水临界期需水量 ET_a 的确定。

b. 系统总流量 Q_0。

c. 确定灌一次水的最短时间 t_1(h)。其可按式 (5-58) 计算：

$$t_1 = \frac{L}{60 v_{max}} \qquad (5-58)$$

式中　L——地块长度，m；

　　　v_{max}——机组最大行速，m/min。

d. 最小净灌水深 h_j(mm) 可按式 (5-51) 计算。

e. 确定喷灌强度。机长确定后，喷灌强度决定了控制灌溉面积的能力，喷灌强度 ρ(mm/h) 由式 (5-59) 确定：

$$\rho = \frac{1000 Q_0}{2 r B_1} \qquad (5-59)$$

式中　r——喷头射程，m；

　　　B_1——喷幅宽度（即沿平移式喷灌机长度方向的湿润宽度），m。

当选定喷头后，即可确定，将土壤允许喷灌强度 $\rho_允$ 代入式 (5-59)，则可反求出机组最大流量值 Q_{max}(m³/h) 为

$$Q_{max} = \frac{2 r \rho_允}{1000} B_1 \qquad (5-60)$$

当土壤较黏重时，可根据允许积水深确定田块长度，其原理与中心支轴式喷灌机相同。

f. 确定最小行进速度 v_{min}。其步骤如下。

（a）求最大喷灌强度 ρ_{max}（mm/h）假定垂直支管方向降水分布呈椭圆形，可按式（5-61）计算：

$$\rho_{max}=\frac{637Q_0}{B_t r}\qquad(5-61)$$

式中　B_t——田块宽度，m；

　　　r——喷头射程，m。

（b）求通过某点所需时间 t（方法同中心支轴式喷灌机）。

（c）求最小行进速度 v_{min}（m/min）。其可按式（5-62）计算：

$$t_{min}=\frac{2r}{60t}\qquad(5-62)$$

则灌一次水最长时间 t_2（h）为

$$t_2=\frac{L}{60v_{max}}\qquad(5-63)$$

相应地，h_j（mm）为

$$h_j=ET_a t_2/24\qquad(5-64)$$

实际行进速度应在 v_{max} 和 v_{min} 之间。

g. 确定灌水周期 T（方法同中心支轴式喷灌机）。

喷灌机入口压力及支管的压力分布可查厂家提供的手册。

第四节　草 地 排 水 工 程

草地排水工程应包括与草地灌溉工程相配套的排水工程或因开发利用不当造成草地盐碱化的排水治理工程。主要解决草地土壤水分、盐分过多的问题。而造成草地土壤水分、盐分过多的原因有很多，如降雨量过大、洪水泛滥淹没草地、地势低洼、地下水汇流和地下水位上升、地下水或地表水出流不畅等。所以，草地排水的任务与农田排水任务相同，也是除涝、防渍、防止盐渍化，规划设计方法也类似。两者的区别在于排水要求、设计标准、设计参数略有不同。本节主要从这两方面予以论述。

一、草地的排水要求及排水设计标准

1. 草地的排涝要求及排涝标准

在降雨量大的牧区，地处低洼的草地应设排涝工程以解决排涝问题。排涝工程要能及时排除由于暴雨而产生的地面积水，减少草地的受淹时间、降低草地受淹深度，以保证牧草正常生长。

草地排涝标准的确定可以采用暴雨重现期法、典型年法。在《牧区草地灌溉与排水技术规范》（SL 334—2016）中推荐使用暴雨重现期法。即根据牧区易发生一定重现期的暴雨的地区，确定暴雨量、暴雨历时，以此确定牧草的排涝深度、排涝时间、排水工程的内、外水位。排涝标准应采用重现期5年或10年，1～3d暴雨5～7d排至耐淹水深。例如内蒙古鄂尔多斯牧区，以及东北、西南牧区。以灌溉饲草料地不受浸涝作为设计排涝标准。考虑牧区经济条件、生产发展水平和工程利用率及洪涝灾害造成损失等因素，参照农作物排涝标准，牧区暴雨重现期一般选定为 5 年，最大不超过 10 年，标准过高，会显著增加工程规模和投资。

2. 草地的排渍要求及排渍标准

牧区地下水位较高时，往往使草地受到渍害而减产。因此，排水工程还应满足排渍要求。即满足控制和降低地下水的要求，使草地土壤水分处于适宜的含水率范围内。

排渍标准应依据试验资料确定，无试验资料可按降水成渍，1～3d 暴雨，5～7d 将地下水位降至饲草料作物耐渍或排渍设计深度。在地下水质较好、无盐渍化的地区，饲草料作物耐渍历时和允许滞蓄水深、地下水适宜控制深度应按表 5－13 和表 5－14 确定。

表 5－13　　　　　　　饲草料作物耐盐渍历时和允许滞蓄水深

排水指标	饲草料作物种类		
	天然牧草	多年生人工牧草	一年生饲草料
耐盐渍历时/d	7～10	7～10	3～5
允许滞蓄水深/cm	8～12	8～15	8～12

表 5－14　　　　　　　　　地下水适宜控制深度

牧草种类	生育阶段	
	分蘖至开花	开花至成熟
耐盐渍历时/d	30～50	40～60
允许滞蓄水深/cm	50～100	70～120

3. 草地的排盐碱要求及排盐碱标准

我国有各种类型的盐渍土地面积近 100 万 hm^2，其中盐渍化草地占了较大比重。这直接导致牧区可饲用牧草成分减少，生产力低。而造成草地盐碱化的因素与牧区自然条件及牧场开发利用方式有密切关系。如松嫩草原三面环山，平原内除了松花江和嫩江贯流中部外，发源于周缘山地的百余条河流进入松嫩平原后则因平原地势平缓，水路网极不发达而成为无尾河，河水漫流于平原低地并长时间停滞，在漫长的历史过程中积集了大量的有害盐碱。而人类对牧场的过度开发，又导致植被退化，加剧了草地盐渍化进程。类似牧区在干旱区、半干旱区普遍存在。

目前，改良、防治盐碱化草地的基本措施包括水利工程和生物技术措施。水利工程措施是通过草地排水工程，结合冲洗改良和灌溉淋盐措施，调节地下水位，以控制草地耐盐碱深度内的水盐动态，抑制盐分向地表积累。影响排水工程排水效果的主要设计参数是排水沟（管）的埋深与间距（详见《灌溉排水工程学》）。草地盐碱化防治的排水沟（管）深、间距、地下水位控制深度应按《灌溉排水工程设计规范》（SL/T 4—1999）有关规定执行。

二、草地排水工程设计原则

（1）盐碱草地改良和草地盐碱化防治，排水标准应符合排涝和排渍标准。盐碱化防治的排水时间、地下水位控制深度应按 SL/T 4—1999 有关规定执行。

（2）草地灌溉工程都应考虑配套排水工程，以避免因降雨量过大、地下水过高所造成的草地土壤水分过多问题。而对于一些地势低洼、地下水位较高的天然草地，为对其加以利用，也可因地制宜的设置排水工程加以改良。

（3）根据草地排水区地形条件及社会经济状况，应尽量采用自流排水，结合灌溉和农业技术措施，实现排水区综合治理。

（4）除按 3.3 节规定收集排水区资料外，还应具备地下水位埋深或等水位线图、地下水位过程线图和 5 年或 10 年一遇 1～3d 最大降水量及当地除涝治渍改碱经验等资料。

（5）排水工程形式应根据排水区自然条件，草地灌溉与排水规划和涝、渍、盐、碱综合治理要求确定。

（6）由降水或灌溉引起的草地盐碱化、沼泽化，宜采用明沟排水与灌溉系统相配套的形式；排水区为薪重土壤或为沼泽泥炭层均匀的草地时，可采用暗管排水或暗管与鼠道相结合的排水形式。

（7）排水系统沟系及建筑物布置、设计应满足草地排水有关要求，按《排水工程设计规范》（GB 50288—1999）和《农田排水工程技术规范》（SL 4—2013）的有关规定设计。

思　考　题

5－1　简述低压管道灌溉系统的规划布置。

5－2　简述膜下滴灌灌溉系统的规划布置。

5－3　简述喷灌灌溉系统的规划布置。

5－4　试论述草地灌溉工程中机组式喷灌系统的选择和适用性。

5－5　试论述不同草地灌溉技术在草地灌溉工程的适用性。

5－6　试论述草地排水工程与农田排水工程的异同点。

第六章　草地灌溉节能新技术

第一节　太阳能光伏提水灌溉技术

一、太阳能资源分布

据估算，我国陆地表面每年接受的太阳辐射能约为 50×10^{15} MJ，全国各地太阳辐射总量为 $3350 \sim 8370 MJ/cm^2$，中值为 $5860 MJ/cm^2$。我国太阳能资源分布的主要特点是太阳辐射总量的高值中心和低值中心都处在北纬 $22° \sim 35°$，青藏高原是高值中心，四川盆地是低值中心。太阳年辐射总量，西部地区高于东部地区，且除西藏和新疆地区之外，基本上是南部低于北部。在北纬 $30° \sim 40°$ 地区，太阳辐射总量的分布情况与一般的太阳能随纬度而变化的规律相反，太阳能是随着纬度的增加而增加。全国大致上可分为 5 类地区，见表 6－1。

表 6－1　　　　　　　　　　　我国太阳能分布状况

地区	年日照时数 /h	年辐射总量 /MJ/cm²	主 要 地 区
一类地区（丰富区）	$3200 \sim 3300$	$6690 \sim 8360$	青藏高原、甘肃北部、宁夏北部和新疆南部
二类地区（较丰富区）	$3000 \sim 3200$	$5852 \sim 6690$	河北西北部、山西北部、内蒙古南部、宁夏南部、甘肃中部、青海东部、西藏东南部和新疆南部
三类地区（中等地区）	$2200 \sim 3000$	$5016 \sim 5852$	山东、河南、河北东南部、山西南部、新疆北部、吉林、辽宁、云南、陕西北部、甘肃南部、广东南部、福建南部、江苏北部、安徽北部
四类地区（较差地区）	$1400 \sim 2200$	$4180 \sim 5016$	长江中下游、福建、浙江和广东的一部分地区
五类地区	$1000 \sim 1400$	$3344 \sim 4180$	四川、贵州两省

一、二、三类地区的年日照时数大于 2000h，辐射总量高于 $5852 MJ/cm^2$，是我国太阳能资源丰富或较丰富的地区，面积较大，约占全国总面积的 2/3 以上，具有利用太阳能的良好条件。四、五类地区，虽然太阳能资源条件较差，但仍有一定的利用价值。

二、太阳能光伏提水灌溉系统的组成

太阳能光伏提水灌溉系统（图 6－1）是利用太阳能电池将太阳能直接转换为电能，然后通过控制器驱动电机带动光伏水泵运行。近年来，太阳能光伏水泵灌溉系统的运用在世界范围迅速增长，我国西部地区也越来越多地使用太阳能光伏水泵灌溉系统。

太阳能光伏提水灌溉系统主要由水源、光伏提水系统、输水系统、蓄水池、田间灌溉设备组成，灌溉方法一般采用重力滴灌和低压管灌。工作原理：光伏提水将水储存在一定容积的蓄水池里，水从蓄水池中靠重力通过主、干管输送到灌水器中实施灌溉任务。

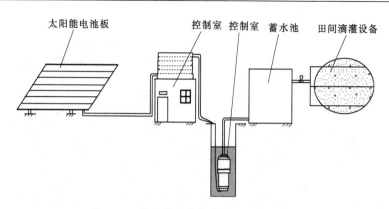

图 6-1　太阳能光伏提水灌溉系统示意图

三、太阳能提水灌溉技术的应用

1. 太阳能提水在牧区人饮水方面的应用

我国牧区绝大部分地处干旱、半干旱地区，存在人畜饮水难的问题。太阳能光伏发电系统中的离网运行系统就是未与公共电网相连接的闭合系统，主要应用于远离公共电网的无电地区，该系统可以为公共电网难以覆盖的牧区居民提供生活所需的饮用水。牧区人口居住分散，每户可安装一套独立的光伏发电系统，供用户单独使用，功率一般为 200W 以下。根据负载的不同，户用系统有直流系统、交流系统和交直流混合系统。该系统的主要构成要素为水源井、光伏发电提水机组、储水工程。比如内蒙古某地的 solartech PS5500 太阳能光伏扬水系统，通过太阳能取水供整个村庄使用。此方案在防冻土地层建了一个地窖（由于冬天天气寒冷，冰冻天气水很容易被冻结），水井建于地窖下方，水管通过地窖埋于地下防冻层把水输送到蓄水池供村庄居民用水。太阳能电池阵列（图 6-2）建于地窖（图 6-3）上方，由于太阳能扬水逆变器（图 6-4）在 -40℃ 都可以正常运转，无需防冻，所以将它放置在太阳能电池阵列的下方。在内蒙

图 6-2　太阳能电池阵列

古某地人饮水工程中应用了太阳能提水技术，该工程示意图见图 6-5。

图 6-3　太阳能扬水逆变器

图 6-4　地窖

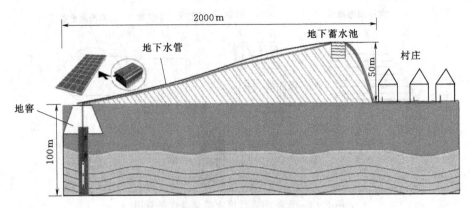

图 6-5　内蒙古某地人饮水工程布置示意图

2. 太阳能提水在人工草场灌溉方面的应用

我国 4 亿 hm² 草原中，人工灌溉草场（或饲草料地）不足 100 万 hm²，制约灌溉面积进一步扩大的因素除水土条件外，另一个重要因素就是缺乏便利的灌溉动力。尤其是我国西北牧区，很多地方都无电网覆盖，日常用电无法得到保障，草场灌溉更是遥不可及。由于牧区幅员辽阔，人居分散，经济尚不发达，且电网未及，这些地区基本上以柴油机提水为主，由于柴油机提水的成本高，其运行的经济性与发展人工草场存在一定差距。而在这些地区有着丰富的太阳能资源，70% 的地区太阳能资源可开发利用。太阳能年总辐射量约为 1510～1740kW·h/(m²·a) 之间。随着太阳能提水技术的日益完善，使之作为牧区人工草场灌溉动力来源成为可能。该系统的主要构成要素为水源井、光伏发电提水机组、储水工程、田间灌溉设备和围封的人工饲草场。如西藏那曲海 2010 年采用深圳天源新能源有限公司生产的 Solartech PS1100-5 光伏扬水系统，日出水量达 50t 以上，年发电 3660kW·h，解决了牧场灌溉及圈养牲畜饮水问题。在其 25 年的使用年限内可节省标准煤 34.4t、减排二氧化碳 15t、二氧化硫 0.7t、烟尘 0.5t、灰渣 9t。具体工程现场图片如图 6-6 所示。

图 6-6　西藏那曲海光伏扬水系统

3. 太阳能提水在农田灌溉方面的应用

我国的低产田和后备耕地资源基本集中在干旱、半干旱地区和经济欠发达地区，近年，这些地区兴起以集雨为主的微小水源建设热潮，但与此配套的灌溉系统缺乏匹配的动力，使水资源利用低下，严重制约了当地的农业经济发展。而这些地区太阳能总辐射量在 $1510 \sim 1740 \mathrm{kW} \cdot \mathrm{h}/(\mathrm{m}^2 \cdot \mathrm{a})$ 之间，80%的太阳能可开发利用。随着太阳能技术和光伏提水技术的成熟以及成本的不断下降，利用西部丰富的太阳能为动力的节水灌溉技术是解决上述问题的有效途径。如河南省某地采用全国首套 Solartech PS5500 太阳能光伏扬水系统成功提水灌溉小麦。全套系统由 7680W 太阳能电池阵列和 7.5kW 太阳能提水控制器组成，可供 $10 \mathrm{hm}^2$ 的农田灌溉。工程实例图片如图 6-7 所示。

图 6-7　河南方城太阳能光伏扬水系统

4. 太阳能提水在生态建设方面的应用

从能源与环保角度看，每 kW 太阳能年可节约燃油 750L，可减少温室气体的排放量，具有重要的社会效益。因此，太阳能光伏提水灌溉技术在生态建设方面具有很好的应用前景。如 2001 年在新疆哈德地区沙漠高速公路肖塘路段，采用 Solartech PS9200 光伏扬水系统滴灌防沙林（该工程示意图见图 6-8），每日出水量可达 270t 以上，系统每年可发电 27375kW·h，在其 25 年的使用年限内可节省标准煤 257.3t、减排二氧化碳 113.2t、二氧化硫 5.1t、烟尘 3.9t、66.9t。该系统至今正常运行。

图 6-8　新疆哈德防沙林光伏扬水滴灌系统

第二节　风能提水灌溉技术

我国有丰富的风能资源，风能总储量为 32.26 亿 kW，可开发储量为 2.53 亿 kW，开发利用潜力巨大。虽然相对常规能源来说，风能的能量密度较低，但是从国家环保战略高度来看，风能对中国经济、社会和环境的可持续协调发展将起到重要的影响。

风能提水灌溉系统由以下部分组成：风力提水系统、风力机基础、控制系统、取水建筑物、输水管线（或渠道）、蓄水建筑物、用水终端（或排水口）、必要的房舍及安全防护网。如图 6-9 所示。

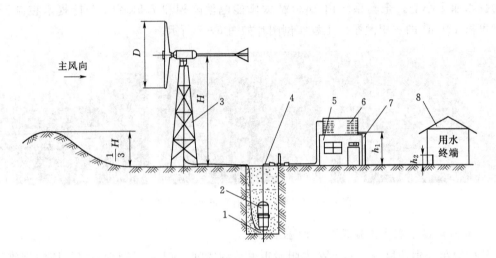

图 6-9　风力提水灌溉系统组成示意图
1—水源；2—水泵；3—风力机；4—上游输水管线；5—控制室；6—蓄水池；
7—上游输水管线；8—用水终端

一、风力提水系统

风力发电系统有两种运行方式，独立供电的离网运行系统和并网运行系统。风力发电系统的基本设备是风力发电机组。从能量转换角度看，风力发电机组包含风力机和发电机两大部分。风力机的功能是将风能转换为机械能，发电机的功能是将机械能转换为电能。

1. 风力提水机组

（1）机组的型号。机械（电力）传动式风力提水机组的型号组成见《风力提水工程技术规程》（SL 343—2006）。

（2）机组的分类。风力提水机组分类见表 6-2。

2. 机组的选型

（1）机组类型选择应考虑工程的用途、风资源条件、提水的流量、扬程及布置便利与否。

（2）机组类型选择宜符合以下规定：①年平均风速小于 4m/s 的区域宜选用多叶片风力提水机组；②装机容量大于 5kW 时，宜选用电力传动式风力提水机组；③高扬程、小流量的工程宜选用往复式活塞泵提水机组；④农田灌溉高扬程时宜选用电力传动式提水机组；低扬程时宜选用机械旋转式提水机组；⑤布置较困难时，宜选用电力传动式或气力传动式提水机组；⑥水中含沙量大时，宜选用离心泵风力提水机组。

表 6 - 2   风力提水机组分类

按风力提水机组传动方式	二 级 分 类	三级分类	四级分类
机械传动式风力提水机组	往复式		
	旋转式		
电力传动式风力提水机组	风力发电驱动直流电动机带动水泵的提水机组		
	风力发电驱动交流电动机带动水泵的提水机组		
气力传动式风力提水机组	按风力机风轮气动特性进行分类	升力型风力提水机组	
		阻力型风力提水机组	
	按水泵类型进行分类	离心泵风力提水	普通型离心泵
			潜水电泵
			活塞泵
		容积泵风力提水	隔膜泵、链管水车
			螺杆泵
			转子泵

二、风力机基础

根据基础不同的地质条件，从结构形式上常可分为实体重力式基础和框架式基础。实体重力式基础主要适用于地质条件良好的岩石、结构密实的砂壤土和黏土地基。因其基础浅、结构简单、施工方便、质量易控制、造价低，应用最广泛。从平面上看，实体重力式基础可进一步分为四边形、六边形和圆锥形。后面两种抗震性能好，但施工难度稍大于前者，主要适用于有抗震要求的地区。框架式基础由桩承台和桩组成，主要适用于工程地质条件差、软土覆盖层很深的地基上。框架式基础比实体重力式基础施工难度大、造价高、工期长，在同等风况条件下，应优先选择地质条件良好的地区。

三、蓄水工程

蓄水工程设计应采用按建筑物标准根据有关规范进行设计。总体应符合以下几点。

（1）位置应避开填方或易滑坡地段，地下式蓄水工程外壁与崖坎和根系较发达的树木的距离不应小于 5m，多个水窖之间的距离不应小于 4m。

（2）蓄水工程应进行防渗处理，蓄水工程与水源的垂直高度差应与风力提水机组的设计扬程相匹配，不应大于提水机组的设计扬程。

（3）蓄水工程的高度应能满足最不利用户用水终端的水头要求，并应有一定富余水头。

（4）蓄水工程的设计容量不应小于最大日用水量的 3 倍；为生活用水修建的蓄水工程或干旱地区的蓄水工程宜建顶盖。

（5）工程进水管应设置堵水设施，并布置泄水道。在正常蓄水位处应设置泄水管或泄水口；进水口前应设置拦污装置，底部出水管或倒虹吸管进口应高于地板 30cm。

四、输配水工程

（1）输水线路及管道的布置。输水线路应根据地形、蓄水构筑物布置以及用户的分布等，通过技术经济比较确定。输水线路的设计应使供水系统布局合理、节能、工程投资小，且便于施工和维护，避免急转弯、较大起伏、穿越不良地质地段，减少穿越公路、河流等障碍物；充分利用地形条件，优先采用重力输送。供水规模较小，可采用单管布置；在管线隆起处应设置自动进（排）气阀，低凹处应设置排空阀，地势平缓地段每隔800～1000m也应设置自动进（排）气阀，连接输水管道和进（排）气阀的短管上应设检修阀；重力流输水管道，地形高度差超过60m并有富余水头时，应在适当位置设置减压设施；地埋管道在转弯、穿越障碍物等处处设置标志。

（2）配水管网选线和布置。管网应合理分布于整个用水区，线路应短，并符合村镇有关建设规划；供水规模较小，可设置成树枝状管网；管道沿线应有道路或规划道路布置，避免穿越毒物、生物性污染或腐蚀性污染地段，无法避开时应采取防护措施；管道最低处和树枝状管网末梢应设置泄水阀，管道隆起点应设置自动进（排）气阀；地形高差较大时，应根据供水水压要求在适宜的位置设置加压泵或减压阀；集中供水点应设置在取水方便和便于管理处；在最不利用户接管处应设置测压表。

（3）配水管网的几个指标计算。

1）设计流量。配水管网中所有管段的沿线出流量之和应等于最高日用水量。各管段的沿线出流量可根据人均用水当量和各管段用水人口、大用水户流量计算确定。树枝状管网的管段设计流量可按沿线出流量的50%加上下游各管段沿线出流量计算。

2）设计流速。人畜饮水配水管网宜采用经济流速作为设计流速；压力管道的直径小于150mm时，可采用0.3～1.0m/s作为设计流速；重力流管道的经济流速应充分利用地形高差确定，长距离重力流输水管道的设计流速不宜大于1m/s。

五、控制系统

（1）在设计阶段，应建立使风力机能有效、尽可能无故障、低应力水平和安全运行的程序。例如，何时发生了故障应直接启动保护系统以及应如何通过控制系统进行处理等。

（2）控制系统应设计成在规定的所有外部条件下都能使风力机保持在正常使用极限内。

（3）控制系统应能监测超功率、超转速、过热等失常现象并能随即采取相应措施。

（4）控制系统应从风力机所配置的所有传感器提取信息，并应能控制两套刹车系统。

（5）在保护系统操作刹车系统时，控制系统应自行降至服从地位。

第三节 自压灌溉技术

自压灌溉是利用自然地形落差通过管道累积起一定的势能为田间灌溉提供所需的工作压力水头。自压灌溉不需利用电能即可进行灌溉。

实行自压灌溉必须具有能够提供系统工作所需压力水头的自然地形条件，能够为系统所控制灌溉面积提供所需要的用水量，以及管道条件〔水源地（输水管道入口）与灌区的距离不能太远，否则会增加投资，从而降低经济效益〕。

一、蓄水池

蓄水池是用人工材料修建、具有防渗作用的蓄水设施。蓄水池按作用、结构的不同一般分为两大类型，即开敞式和封闭式。开敞式蓄水池属于季节性蓄水池，它不具备防冻、防高温、防蒸发功效，但容量一般可不受结构形式的限制。封闭式蓄水池是在池顶增加封闭设施，使其具有防冻、防高温、防蒸发功效。可常年蓄水，也可季节性蓄水，可用于农田灌溉，也可用于人畜饮水。但工程造价相对较高，而且单池容量一般比开敞式小得多。因开敞式蓄水池受力条件好，相对封闭式蓄水池其单位投资小，因不设顶盖而易于建造成较大容量的池子。因此，在无特殊要求时，均以开敞式蓄水池为主。

1. 蓄水池结构特点

(1) 开敞式圆形蓄水池。池体由池底和池墙两部分组成，其工程设计据荷载条件按标准设计或有关规范确定。

(2) 开敞式矩形蓄水池。矩形蓄水池的结构受力条件不如圆形池好，拐角处是薄弱环节，需采取防范加固措施。当蓄水量在 60m³ 以内时，其形状近似正方形布置，当蓄水池长宽比超过 3 时，在中间需布设隔墙，以防侧压力过大使边墙失去稳定性，这样将一池分二，在隔墙上部留水口，可有效地沉淀泥沙。

(3) 封闭式圆形蓄水池。封闭式蓄水池池体大部分设在地面以下，它增加了防冻保温功效，保温防冻层厚度设计要根据当地气候情况和当地最大冻土层深度确定。封闭式蓄水池结构较复杂，投资加大，其池顶多采用薄壳型混凝土拱板或肋拱，以减轻荷载和节省投资。

(4) 封闭式矩形蓄水池。矩形蓄水池适应性强，可根据地形、蓄水量要求采用不同的规格尺寸和结构形式，蓄水量变化幅度大。其结构设计按相关规范进行。

2. 蓄水池设计

(1) 荷载组合。不考虑地震荷载，只考虑蓄水池自重、水压力和土压力。对开敞式蓄水池，荷载组合为池内满水，池外无土；对封闭式蓄水池，荷载组合为池内无水，池外有土。

(2) 应按地质条件推求容许地基承载力。如地基的实际承载力达不到设计要求或地基会产生不均匀沉陷，则必须先采取有效的地基处理措施才可修建蓄水池。蓄水池底板的基础要求有足够的承载力、平整密度，否则须采用碎石（或粗砂）铺平并夯实。

(3) 蓄水池应尽量采用标准设计，或按五级建筑物根据有关规范进行设计。水池池底及边墙可采用浆砌石、素混凝土或钢筋混凝土。最冷月平均温度高于 5℃ 的地区也可采用砖砌，但应采用水泥砂浆抹面。池底采用浆砌石时，应坐浆砌筑，水池砂浆标号不低于 M10，厚度不小于 25cm。采用混凝土时，标号不宜低于 C15，厚度不小于 10cm。土基应进行翻夯处理，深度不小于 40cm。池墙尺寸应按标准设计或按规范要求计算确定。

(4) 蓄水池的基础是非常重要的，尤其是湿陷性黄土地区，如有轻微渗漏，危及工程安全。因而在湿陷性黄土上修建的蓄水池应优先考虑整体式钢筋混凝土或素混凝土蓄水池。地基土为软湿陷性黄土时，池底应进行翻夯处理，翻夯深度不小于 50cm；如基土为中强湿陷性黄土时，应加大翻夯深度，采取浸水预沉等措施进行处理。

(5) 蓄水池应进行严格的防渗处理。

(6) 蓄水池内宜设置爬梯，池底应设排污管，封闭式水池应设清淤检修孔，开敞式水池应设护栏，护栏应有足够强度，高度不低于 1.1m。

3. 蓄水池施工

施工程序分为地基处理、池墙砌筑、池底建造、防渗处理、附属设施安装施工等部分。施工前应先了解地质资料和地基土承载力，并在现场进行原位测试。如地基承载力不够时，应根据设计提出对地基的处理要求，采取加固措施，如扩大基础底面积，换填垫层等措施。池墙砌筑时要沿周边分层整体砌石，不可分段、分块单独施工，以保证池墙的整体性。池墙采用的材料质量应满足有关规范要求，浆砌石应采用坐浆砌筑，不得先干砌再灌缝。砌筑应做到石料安砌平整、稳当。上下层砌石应错缝，砌缝应用砂浆填充密实。石料砌筑前应先湿润表面；池墙砌筑时要预埋。施工时要严格按照《聚乙烯（PE）土工膜防渗工程技术规范》（SL/T 231—98）控制土工膜铺设和焊接质量，确保防渗土工膜的完整和接头的严密，确保防渗效果。

二、沉砂池

沉砂池是利用自然沉降作用，去除水中砂粒或其他比重较大的无机颗粒的构筑物。沉砂池一般是作为水窖或蓄水池必备的附属设施之一而建在其上游的 $2 \sim 3m$ 处，以起沉淀来水中的泥沙颗粒之作用，从而保证进入蓄水池或窖体等蓄水设施的水质达到设计标准的净化要求。沉砂池的设计原理是来水从进水池口开始到流至出口结束这段时间内，水流中所挟带的设计标准粒径以上的所有泥沙正好全部沉到池底。

1. 沉砂池设计选用参数

设计流量选用需水量系统运行时的最大流量，表面负荷率 v_0 在数值上等于设计标准粒径颗粒泥沙的沉速，可依据当地水文地质资料选用。

2. 沉砂池设计计算

（1）沉砂池表面积 $A_{沉砂池}$：

$$A_{沉淀池} = \frac{Q}{v_0} \tag{6-1}$$

式中　$A_{沉砂池}$——沉砂池表面积，m^2；

Q——设计流量，m^3/h；

v_0——表面负荷率，m/h。

（2）沉砂池长度 $L_{沉淀池}$：

$$L_{沉砂池} = v T_{停留} \tag{6-2}$$

式中　$L_{沉砂池}$——沉砂池长度，m；

v——水平流速，m/h；

$T_{停留}$——停留时间，h。

（3）沉砂池宽度 $B_{沉砂池}$：

$$B_{沉砂池} = \frac{A_{沉砂池}}{L_{沉砂池}} \tag{6-3}$$

式中　$B_{沉砂池}$——沉砂池宽度，m；

其他符号含义同前。

（4）沉砂池（有效）水深 H_1：

$$H_1 = \frac{QT_{停留}}{A_{沉砂池}} \qquad (6-4)$$

式中　H_1——沉砂池（有效）水深，m；

　　　其他符号含义同前。

（5）存泥区深度 H_2：

$$H_2 = \frac{QC_0 T}{\gamma A_{沉砂池}} \qquad (6-5)$$

式中　Q——设计流量，m^3/h；

　　　C_0——进入沉砂池水流设计标准及以上粒径泥沙的浓度，mg/L（由当地实验数据提供）；

　　　T——灌水周期，h（喷灌、滴灌等节水灌溉制度中的灌水周期）；

　　　γ——泥沙容重，kg/m^3。

（6）沉砂池深度计算：

$$H_c = H_1 + H_2 + \Delta \qquad (6-6)$$

式中　H_c——沉砂池深度，m；

　　　Δ——安全超高，m，一般取 $\Delta = 0.25m$。

（7）沉砂池底宽。沉砂池断面一般采用梯形断面，确定出沉砂池顶宽之后，则由梯形断面边坡放坡的坡度，即可计算出沉砂池底宽。沉砂池的尺寸确定后，就可在实地进行布置。在布置沉砂池时，应注意因地制宜，选择适宜的结构形式。对已设计好的沉砂池尺寸进行水力条件复核，以检验设计的可行性。

3. 沉砂池水利条件复核

（1）水流紊动性复核。沉砂池水流的紊动性用雷诺数 Re 判别。

$$Re = \frac{3600 v R_{水}}{\nu} \qquad (6-7)$$

式中　Re——雷诺数；

　　　v——水平流速，m/h；

　　　$R_{水}$——水力半径，m；

　　　ν——水的运动黏性系数，水温 20℃时为 1.01×10^{-6}（m^2/s）。

沉砂池中水流 Re 一般为 4000～15000，属紊流状态。此时水流除水平流速外，尚有上、下、左、右的脉动分速，且伴有小的涡流体，这些情况都不利于颗粒的沉淀。但在一定程度上可使浊度不同的水流混合，减弱分层流动现象。不过，通常要求降低 Re 以利颗粒沉降。降低 Re 的有效措施是减小水力半径 $R_{水}$。池中纵向分格可以达到这一目的。

（2）水流稳定性复核。水流稳定性以弗劳德数 Fr 判别，该值反映推动水流的惯性力与重力两者之间的对比关系：

$$Fr = \frac{1.296 \times 10^7 v^2}{R_{水} g} \qquad (6-8)$$

式中　Fr——弗劳德数；

　　　g——重力加数度，$9.8 m/s^2$；

其他符号含义同前。

另外，在设计沉砂池时，还需要一并考虑预留排沙孔和溢水口。这些部位的相对高程通常掌握为：进水口底高出池底 0.1～0.15m，出水口底高出进水口底 0.15m，溢水口底低于沉砂池顶 0.1～0.15m。在沉砂池的水流入口处均应设置拦污栅，以拦截汇流中的大体积杂物。拦污栅构造简单，可在铁板或薄钢板及其他板材上直接呈梅花状打孔（圆孔、方孔均可），亦可直接采用筛网制成，其孔径一般不大于 10mm×10mm。

4. 沉砂池施工

地基要碾压或浸泡预沉密实，表面要十分平整并没有大于 4cm 的卵石裸露；在基槽表面铺一层 15cm 厚的黏壤土或细沙土垫层，垫层中应不含石块、树根、草根等尖锐杂物。对边坡要求洒水拍打密实整平，对底板要求压实整平。防渗工程施工时要严格按照《聚乙烯（PE）土工膜防渗工程技术规范》（SL/T 231—98）控制土工膜铺设和焊接质量，确保防渗土工膜的完整和接头的严密，确保防渗效果；沉砂池衬砌护面应根据当地建筑材料来源情况确定，可采用混凝土现浇和浆砌卵石两种结构，具体施工按相关规范进行。混凝土护面最小衬砌厚度底板不得小于 12cm，边坡不得小于 10cm。混凝土板伸缩缝应按"⊥"形缝做好止水设计，在伸缩缝底部铺设一层宽 50cm 的 SBS 水平止水压板，每侧混凝土板下搭压宽度约 25cm，以截断伸缩缝下渗的水流，伸缩缝下部用高密度苯板嵌填，上部 3cm 灌塑料胶泥止水。

思　考　题

6-1　简述光伏提水灌溉系统的组成及各组成部分的功能。

6-2　如何确定光伏提水机具的参数？

6-3　太阳能提水灌溉技术的主要应用领域有哪些？

6-4　简述风能提水灌溉系统的构成。

6-5　简述风能提水灌溉系统中蓄水工程及输配水工程的设计要求。

6-6　实行自压灌溉必须具备的条件有哪些？

6-7　简述沉砂池设计计算过程。

第七章 牧场供水技术

第一节 牧场供水技术概述

牧场供水即按要求的水质、水量为牧场人畜饮用和畜牧业生产提供用水。牧场供水对于合理经营草原、保持草原生态平衡、促进畜牧业的发展有着很重要的意义。我国北方牧区水量偏小，南方牧区水资源分布不均、水低地高，开发利用难度大。这种恶劣的自然环境对于靠天养畜、逐水而居的牧民而言，生产生活用水均没有保障，须通过工程措施对牧区用水条件加以改善。由于牧区地域辽阔、牧民居住密度较一般城镇小、各牧区自然环境、经济发展状况、水资源条件、生产、生活方式存在很大差异，使得牧区水资源开发形式、用水方式也呈现不同特点，也就加大了牧区供水工程建设的复杂性和难度，导致牧区供水工程建设仍处在社会效益显著、经济效益不足的阶段。

牧场供水工程规划设计分为两类。一类为定居点牧场供水，人畜用水统筹规划。如新疆生产建设兵团以半农半牧牧区为主，以牧民定居，牧区大面积发展人工种植饲草，牲畜圈饲、舍饲为主要生产方式，该地区牧区供水工程以村镇供水工程的模式来进行设计。一类为游牧过程中的牲畜用水，如内蒙古、西藏、新疆、青海、四川、甘肃等地以牧业为主牧区，放牧过程中的牲畜用水以及牲畜在季节性转场时对牧道的饮水需求。

一、牧场供水工程组成与牲畜用水特点

牧区人畜用水工程是针对牧区定居点水资源条件、人畜用水特点而修建的工程。因其用水结构和用水特点与普通村镇用水有一定的相似性，所以按照《村镇供水工程技术规范》（SL 687—2014），结合牧区供水工程特点设计。

1. 牧场供水工程组成

牧场供水与城市工业供水、农业供水有很多不同，而这种不同主要集中在用水户及用水户对水量、水质、水源分布选择的差别。对于大多以牧业为主的牧场，牧场供水工程的主要用水者为牲畜，牲畜不是停留在一个固定的地方，而是随着季节的变更而移场放牧，这就必须保证供水工程既满足牧业定居点的供水，又要满足游动放牧点的牲畜饮水，还要满足牲畜转场时牧道上的牲畜饮水。其中，定居点的供水按《村镇供水工程设计规范》（SL 687—2014）规划设计，其供水工程组成也与村镇供水工程组成相同。这里所指的牧场供水工程主要针对牧区牧民放牧过程中游动放牧点的供水工程及牧民转场时的牧道供水工程。具体组成见图 7-1。

取水工程——指从江、河、湖泊等水源引水，以满足牲畜用水而修建的建筑物综合体。如渠道、虹吸管、水泵、水井等。

储水工程——指将取水工程引取的水储存起来的建筑物综合体。对于水质不满足牲畜饮用要求的水，还须有相应的净水措施。如考虑牧民放牧过程饮水，还应满足人饮要求。

如储水池、连接水源及储水池的管道等。

饮水场——指带有饮水槽，供牲畜饮水的建筑物综合体，如饮水平台、排水沟等。

2. 牧场牲畜用水特点

牧场牲畜用水与牧区定居点人畜用水有着很多相似的特点。如都面临饮用水水质超标；供水规模小，供水分散；用水时间集中，可间歇供水；供水成本高，牧区供水工程落后；供水的社会效益高于经济效益等问题。而且这些问题以村镇人畜用水更为突出。

（1）牧场用水存在显著的季节性用水特征。牧场放牧具有一定的季节性，且存在牲畜转场问题。如草原地区，放牧持续时间一般为 170～200d，而在高山的牧场，则只能放牧 70～80d。所以牧场供水工程表现出更明显的间歇性。由于牧场的使用带有季节性，所以牧场供水工程在整个年度内并不是连续工作。在牲畜转到另外一个牧场后，牧场供水工程的所有设施或部分设施将拆除转运，移到下一个使用点。

（2）牧场饮水站所需能源是由独立的小功率动力装置提供。牧场的使用具有季节性，建设电网耗资较大，所以在缺少集中电源的牧场中，只要单独设置小功率动力装置为饮水站提供能源即可。如在靠近养畜场的牧场，在放牧的牧场和牲畜途经的道路上，以及有强大的风力资源的半沙漠区，使用风力、太阳能供水装置。

二、牧区供水工程关键技术

随着牧业生产向大规模集约方式的转变，我国牧区供水发展也将趋向于：由单一的人畜饮水供水目标向具有人畜饮水、牧场灌溉、牧业生产、产品加工、环境保护要求的多目标联合供水方向发展，由单一工程供水向多水源联合调度集约供水形式发展；由简单的机械供水向供水自动化方向发展；由无序、无偿供水向有计划、有偿与定量供水方向发展。但是，受牧区社会自然条件、经济条件限制，牧区供水工作一直发展相对滞后。要实现牧场供水技术应围绕牧场供水技术发展过程存在的问题开展研究。

（1）贫水区水资源的有效开发利用技术。主要包括贫水区高效实用的找水技术、贫水区雨水资源的蓄集净化技术和污水、劣质水净化技术等。

（2）农牧区饮水标准。主要包括不同气候区农牧民饮水定额与水质标准、各类草原不同畜种的适宜饮水量、饮水距离与饮水水质标准和各类草原饮水点的极限载畜能力等。

（3）供水工程建设管理技术。主要包括各类草原牧场供水点的优化布局、村镇、牧场供水管网的优化规划设计模型及参数、超长距离管道输水技术与渗漏监测技术、北方牧区供水工程的防冻及更新改造技术和小型无人值守供水站的智能化管理技术等。

（4）适宜的提水机具与饮水设施。主要包括多动力小流量高扬程提水机具和自动饮水槽、触式饮水器具等。

第二节 牧区人畜饮水工程

牧区人畜饮水工程的规划原则、编制依据、规划思路等与农村人畜饮水工程相同，不再赘述，本节就牧区人畜饮水工程的设计步骤等做介绍。

一、设计的基础资料

收集地形、气象、水文、水文地质、工程地质等方面的基础资料，并进行综合分析。

（1）1∶5000～1∶25000 地形图（根据规划区域），根据地形、地貌、地面标高，考虑取水点、水厂及输配水管的铺设等规划用图。

（2）气象资料：根据年降水量和年最大降雨量判断地表水源的补给来源是否可靠和充足，洪水时取水口、泵站等有无必要采取防洪措施；根据年平均气温、月平均气温、全年最低气温、最大冻土深度等考虑处理构筑物的防冻措施和输配水管道的埋设深度。

（3）水文地质资料：了解地下水的埋藏深度、含水层厚度、地下水蕴藏量及开采量、补给来源等。

（4）水文资料：根据地表水的流量、最高洪水位、最低枯水位、冰凌情况等，确定取水口位置、取水构筑物型式及取水量。

（5）土壤性质：用来估算土壤承载能力及透水性能，以便考虑构筑物的结构设计和实施上的可靠性。

（6）水源水质分析资料：包括感官性状、化学、毒理学、细菌等指标的分析结果，用来确定净化工艺和估算制水成本。

（7）水资源的综合利用情况：包括渔业、航运、灌溉等，以便考虑这些因素对水厂的供水量、取水口位置及取水构筑物的影响。

（8）国家、行业和地方的有关法律法规和各类技术规范、规程与标准。

（9）社会经济资料：规划区县（市）的地理位置、面积、所管辖乡（镇）、村（街道委员会）的数量、总人口、农村人口，以及农村饮水不安全人口数量、成因、分布，项目所在地区农村劳动力、农业生产、基础设施建设，财政收入、农民收入、社会经济发展等情况。

（10）草地资源及其生态环境状况：对天然草地面积、可利用草地面积、草原类型、草原生态环境现状进行统计分析，以便估算天然草地单位面积产草量，评估草地“三化”与水土流失成因、发展趋势、危害。

（11）牧区水利发展现状：分析牧区水利发展过程中的重点任务、工程形式、发展规模、管理模式、主要经验、存在问题等；分析灌溉饲草料地发展现状、牧场供水现状及保障能力；以便因地制宜确定供水工程形式、规模、任务。

二、水资源供需平衡分析

1. 供水量预测

牧区人畜饮水工程的水源类型很多，进行水资源供需平衡计算时，应对水源的来水量进行分析。当牧区人畜饮水工程由渠道供水时，应掌握在设计代表年的水文、气象条件下，渠道的来水量和来水量过程；当牧区人畜饮水工程直接从河中取水时，应分析该河流设计代表年的年径流量和月（旬）径流量；当牧区人畜饮水工程新建蓄水工程拦截当地地面径流作为水源时，应根据设计代表年的降水量及降水过程、径流系数、单位面积的产水量、集水面积等资料，进行水源来水量分析；当牧区人畜饮水工程抽取地下水作为水源时，若井已经建成，则应掌握该井在设计代表年的出水量、最大降深、动水位、周围井的分布情况、同时抽水时相互干扰的情况、目前使用的井泵规格型号等。如出现地下水超采，应掌握随地下水超采，地下水位逐年降低的情况。若需要新打井，应掌握当地的水文地质资料，如含水层的埋藏深度，含水层的岩性、厚度、层次结构、出水率、咸淡水分层和水质条件等，以及地下水储量及开采条件，以便掌握成井后井的出水量和合理地确定井距。

2. 需水量预测

(1) 用水分类。村镇用水量应分为两部分：第一部分应为村镇供水工程统一供给的居民生活用水、企业用水、公共建筑供水及其他用水量总和；第二部分应为上述统一供给以外的所有用水水量的总和，包括企业和公共建筑自备水源供给的用水、河湖环境和河道用水、农业灌溉及畜牧业用水。牧区供水的主要对象是人畜，受自然地理条件的影响，企业用水和公共建筑用水、其他用水很少。供水设计时，一般不单独考虑消防用水。

(2) 用水量标准。用水量标准是指设计年限内达到的用水水平，即每一种不同性质的用水，对应的单耗水量标准。设计用水量标准是确定设计用水量的主要依据，它可以影响牧区供水工程相应设施的规模、工程投资、工程新建或扩建的期限、今后水量的保证和水厂的经济效益等诸多方面。在确定用水量标准时，应结合现状和规划资料，并参照类似地区用水情况。

1) 牧区居民生活用水量标准。牧区居民生活用水是指居民家庭的日常生活用水，包括居民的饮用、烹调、洗涤、清洁、冲厕、洗澡等用水。生活用水量标准用 [L/(人·d)] 表示。生活用水量标准与水源条件、经济水平、居住条件、供水设备完善情况、生活水平等因素有关。生活用水量标准可参考《村镇供水工程技术规范》(SL 310—2004) 的规定。

2) 村镇企业用水量标准。村镇企业用水包括生产用水和工作人员的生活用水。生产用水指在生产过程中用于加工、净化和洗涤等方面的用水。通过乡镇工业用水调查以获得可靠资料。职工生活用水指每一职工每班的生活用水量和淋浴用水量。职工生活用水标准，应据工作性质、工作环境决定。

3) 村镇公共建筑用水量标准。公共建筑包括学校、机关、医院、饭店、旅馆、公共浴室、商店等。其用水涉及甚广，难以用统一的指标衡量。《建筑给水排水设计规范》(GB 50015—2003) 对各种公共建筑用水标准做了较详细的规定，可参照其确定。但对于条件一般或较差的村镇，应根据公共建筑类型、用水条件以及当地的经济条件、气候、用水习惯、供水方式等具体情况对公共建筑用水量标准适当折减。

4) 饲养牲畜用水量标准。集体或专业户饲养畜禽，不同饲养方式的用水量标准不同。饲养禽畜最高日用水量，应根据畜禽饲养方式、种类、数量、用水现状和近期发展计划确定。

5) 牧草用水量标准。据牧草灌溉定额确定，也可参照《牧区灌溉与排水工程技术规范》(SL 334—2016)。

6) 庭院用水量标准。庭院用水量一般不予考虑，因为它的用水量很少，当采用饮灌两用机井时，庭院用水量一般为当地生活用水量的 2～3 倍。

7) 管网漏失水量和未预见用水量标准。未预见水量是指给水系统设计中，对难于预测的各种因素而准备的水量。村镇的未预见水量和管网漏失水量可按最高日用水量的 10%～20%合并计算。村庄取较低值、规模较大的镇区取较高值。

(3) 需水量计算。需水量计算有多种方法，在供水规划时，要根据具体情况，选择合理可行的方法，必要时，可以采用多种方法计算，然后比较确定。

1）分类计算法。分类计算法先按照用水的性质对用水进行分类，然后分析各类用水的特点，确定它们的用水量标准，并按用水量标准计算各类用水量，最后累计出总用水量。该法比较细致，当有较详细的基础资料时，采用此方法可以求得比较准确的用水量。

2）人均综合指标法。农村用水量与其人口具有密切的关系，农村除农业灌溉用水之外所有用水量之和除以农业人口数的商称为农村人均综合用水量，是将所有用水量之和按人计算的平均值。在村镇供水工程规划、立项、编制项目建议书或审查工程可行性研究报告时，以人均综合用水量乘以设计人口，即为需水量。该方法简便，便于实际操作和掌握。

3）年递增率法。随着社会经济发展以及社会主义新农村的建设，农村居民生活水平随之不断提高，供水量一般呈现逐年递增的趋势，在过去的若干年内，每年用水量可能保持相近的递增比率。在具有规律性的发展过程中，确定用水量年增长率后，用相应公式预测计算总用水量是可行的。

3. 水资源供需平衡分析

在确定了牧场供水工程水源的来水量和来水流量、牧场供水区的用水量和用水流量之后，应对用水和来水进行水量平衡计算。通常，在水量平衡计算中，可能出现 3 种情况。

（1）当水源来水量及其在时间上的分配都能达到或超过牧场供水用水量和用水流量时，说明天然来水能够满足牧场供水任何时候的用水要求，无需再修建蓄水工程。

（2）来水量等于或大于牧场供水用水量，但其在时间分配上与用水不相适应，这时既具备了调蓄的条件，又存在调蓄的必要，故应建一定规模的蓄水工程调蓄水量，改变天然的来水过程以适应牧场供水用水要求。

（3）水源来水量小于牧场供水用水量，失去了调蓄的条件，必须另辟水源，增加来水量，使总来水量等于或大于牧场供水用水量后再考虑用水调节的问题，否则就应适当地减小牧场供水面积。

三、牧区人畜饮水工程的布置

牧区面积广、自然条件复杂。规划设计时，应综合考虑行政区划、地理位置、气候、地形地貌、水资源条件、饮水不安全类型等因素进行牧区人畜饮水工程布置。

1. 牧区人畜饮水工程对水的要求

（1）对水质的要求。

1）生活饮用水水质要求。生活饮用水主要是供给人们在日常生活中饮用、烹饪、清洁卫生或洗涤等。这些水与人体健康密切相关，因此其水质必须符合卫生部颁发《生活饮用水卫生标准》（GB 5749—2006）。

2）生产用水水质要求。村镇企业在从事生产过程中，无论是将水作为生产产品的原材料，还是作为辅助生产资料，不同产品和生产工艺条件，对水质都会提出不同的要求，同时水质与产品的质量密切相关，所以对生产用水水质应满足相应行业的标准。

3）牲畜饮用水水质要求。牲畜饮用水要求水中无使其中毒或致病的物质。如过量的氟化物能引发动物斑釉齿等病。

（2）对水量的要求。

1）对生活供水量的要求。主要与供水范围、工程设计年限和供水区内的人口数量等有关，还应考虑村镇发展趋势及其需水量的相应变化。

2）企业生产对水量的要求。村镇企业的生产用水量应根据生产工艺要求确定，并尽量提高水的重复利用率。

3）公共建筑对水量的要求。应按《建筑给水排水设计规范》（GB 50015—2003）的规定计算。

（3）对水压的要求。牧区人畜饮水工程中用户对水量的要求，需要由充裕的水压来保证，管网中水压不足，用户就得不到所需的水量。生活用水管网中控制点处的服务水头（地面以上水的压力）根据房屋层数确定：一、二层各为 10m 与 12m，二层以上每增高一层水压增加 4m。某些生产用水有特殊水压要求，而村镇给水系统又不能满足要求或对村镇中个别的高层建筑应自设水泵加压系统。另外，还可设屋顶水箱来调节供水水压。

2. 牧区人畜饮水工程取水方式

牧区人畜饮水工程因水源类型的不同，取水方式也有差别。按水源类型划分，牧区人畜饮水工程可分为以地表水为水源的系统类型和以地下水为水源的系统类型。

（1）以地表水为水源的系统类型。

1）以雨水为水源的小型、分散系统。该系统为降雨产生的径流，流入地表集水管（渠），经沉淀池、过滤池（过滤层）进入储水窖，再由微型水泵或手压泵取水供用户使用。该类型的优点是结构简单，施工方便，投资少，净化使用方便，便于维修管理。它适用于居住分散、无固定水源或取水困难而又有一定降雨量的小村镇。

2）以河水或湖水为水源的系统类型。采用压力式综合净水器从河流或湖泊中取水的小村镇给水系统。该类型具有投资省、易上马、出水可直接进入用户或进入水塔、省去了清水池和二级泵房、设备可以移动等特点。适用于较小型、分散的小村镇给水。一般该系统要求原水浊度小于 500，短时可达 1500。供水能力根据型号不同可在 5~50m³/h 之间。

（2）以地下水为水源的系统类型。

1）引泉取水给水工程类型。在山区有泉水出露处，选择水量充足、稳定的泉水出口处建泉室，再利用地形修建高位水池，最后通过管道依靠重力将泉水引至用户。

2）单井取水的给水工程类型。当含水层埋深小于 12m，含水层厚度在 5~20m 之间时，可建大口井或辐射井作为村镇给水系统的水源。该系统一般采用离心泵从井中吸水，送入气压罐（或水塔），由气压罐（或水塔）对供水水压进行调节。当含水层埋深较大时，应采用深井作为村镇给水系统的水源。

3）井群取水的给水工程类型。由管井群取地下水送往集水池，加氯消毒，再由泵站从集水池取水加压通过输水管送往用水区，由配水管网送达用户。此种工程比以河水为水源的人畜饮水工程简单，投资也较省，适用于地下水水源充裕的地区。

4）渗渠为水源的系统类型。渗渠是在含水层中铺设的用于集取地下水的水平管渠，由该地下渠道收集和截取地下水，并汇集于集水井中，水泵再从井中取水供给用户。该种供水工程适于修建在有弱透水层地区和山区河流的中、下游，河床砂卵石透水性强，地下水位浅且有一定流量的地方。

3. 牧区人畜饮水工程的布置

牧区人畜饮水工程一般有以下几种布置形式：水源水位高于净水厂或用户管网，利用水源高程的有利条件，达到重力自流输水的目的；当水厂高程不能满足输水和配水要求时，可在水厂内另设加压泵站。在有条件时应充分利用水源地和用户之间的水位差，达到全部自流的目的。这种牧区人畜饮水工程最为理想。既可节省大量能源，节约基建投资，又可减少大量机电设备，便于运行管理，降低运行费用。

（1）水源布置。牧区人畜饮水工程的水源类型有地表水、地下水、雨水。

地表水水源常能满足大量用水的需要，常采用地表水作为供水的首选水源。地表水取水中取水口位置的选择非常关键，其选择是否恰当，直接影响取水的水质和水量、取水的安全可靠性、投资、施工、运行管理以及河流的综合利用。在选择取水构筑物位置时必须根据河流水文、水力、地形、地质、卫生等条件综合研究，提出几个可能的取水位置方案，进行技术经济比较，从中选择最优的方案，选择最合理的取水构筑物位置。

地下水水源一般水质较好，不易被污染，但径流量有限。水源地选择要求在地下水勘察的基础上，选择含水层厚、水质可靠的区段作为水源位置。

雨水水源对于地面水和地下水都极端缺乏、地区地形、地质条件不利于修建引水工程的地区是常用水源。雨水集蓄工程具有就地利用资源、投资成本低、产生的环境问题少等特点。尤其适用不宜修建骨干水利工程的地区，利用地形条件，就地开发利用水源。

（2）人工构筑物和天然障碍物。河流上常见的人工构筑物（如桥梁、丁坝、码头等）和天然障碍物，往往引起河流水流条件的改变，从而使河床产生冲刷或淤积，故在选择取水构筑物位置时，必须加以注意。

1）桥梁。由于桥孔缩减了水流断面，因而上游水流滞缓，造成淤积，抬高河床，冬季产生冰坝。因此，取水口应设在桥前滞流区以上 0.5～1.0km 或桥后 1.0km 以外的地方。

2）丁坝。由于丁坝将主流挑离本岸，通向对岸，在丁坝附近形成淤积区，因此取水构筑物如与丁坝同岸，则应设在丁坝上游，与坝前浅滩起点相距不小于 150m。取水构筑物也可设在丁坝的对岸（需要有护岸设施），但不宜设在丁坝同一岸侧的下游，因主流已经偏离，容易产生淤积。此外，残留的施工围堰、突出河岸的施工弃土、陡岸、石嘴对河流的影响类似丁坝。

3）拦河闸坝。闸坝上游流速减缓，泥沙易于淤积，故取水口设在上游时应选在闸坝附近、距坝底防渗铺砌起点 100～200m 处。当取水口设在闸坝下游时，由于水量、水位和水质都受到闸坝调节的影响，并且闸坝泄洪或排沙时，下游可能产生冲刷和泥沙涌入，因此取水口不宜与闸坝靠得太近，而应设在其影响范围以外。

4）码头。取水口不宜设在码头附近，如必须设置时，应布置在受码头影响范围以外，最好伸入江心取水，以防止水源受到码头装卸货物和船舶停靠时污染。

（3）净水工程布置。净水工程规划的内容包括净水厂生产规模的确定、厂址的选择、净水工艺的选择、净水工程设施类型的选择等。净水工程规模、建设地点、净水工艺、设施类型选择的合理性，影响着牧区供水工程供水范围的大小、供水水质的优劣、运行管理的难易、投资成本的高低。

（4）输配水管网布置。人畜饮水工程中的管道部分投资占工程总投资的 50%～80%，管道工程布置的变化，影响着整体工程投资的大小，其中节约的潜力较大。同时还可以起到降低运行费用、提高工程效益的效果。在进行管道布置时，既要考虑经济因素，更要注意管道的安全运行，而且在两者出现矛盾时，要在确保安全运行条件下，适当照顾经济性原则。

1）输水管布置。输水管是从水源到水厂或从水厂到配水管网的管线，因沿线一般不接用户管，主要起输水的作用，所以称为输水管。输水管道的特点是输水管内流量均匀、无沿程出流。

输水管网布置形式，根据管道获得压力类型的不同可分为水泵加压式和重力式。重力式充分利用地形落差，可降低供水工程能耗。输配水管网布置形式根据输水管的根数可以分为单管式、多管式。单管式适用于允许用水间断的用户，系统投资较低。多管式适用于不允许断水的用户。如一些工矿企业生产过程不允许断水，甚至不允许减少水量。为此需平行敷设两条或多条输水管。如只埋设一条输水管，则应在管线终端建造储水池或其他安全供水措施。水池容积应保证供应输水管检修时间内的管网用水。一般根据牧区供水工程的重要性、断水可能性、管线长度、用水量发展情况、管网内有无调节水池及其容积大小等因素，确定输水管的条数。

2）配水管网布置。配水骨干管网是将输水管线送来的水，配给农村用户的管道系统。一般指农村集中式供水工程中水厂至乡镇、村或集中居住区的管网。在牧区地区，配水骨干管网一般较长，且管径相对较大，该部分投资在整个牧区供水工程中占据较大比重，是输配水工程规划中的重点。

配水管网有树状和环状两种基本布置形式。一般情况下，规模较小的村镇，可布置成树状管网；规模较大的村镇，有条件时，宜布置成环状或环、树结合的管网。由于树状管网构造简单、投资较省，在目前农村配水骨干管网中采用较多。

（5）管网构筑物及附件布置。

1）管网附属构筑物。

a. 阀门井：用于安装管网中的阀门及管道附件。阀门井的平面尺寸，应满足阀门操作和安装拆卸各种附件所需的最小尺寸。井深由水管埋设深度确定。但井底到水管承口或法兰盘底的距离至少为 0.10m，法兰盘和井壁的距离宜大于 0.15m，从承口外绿到井壁的距离应在 0.30m 以上，以便于接口施工。阀门井有圆形与方形两种，一般采用砖砌，也可用石砌或钢筋混凝土建造。

b. 支墩：承插式接口的管线，在弯管处、三通处、水管尽端的盖板上以及缩管处，都会产生拉力，接口可能因此松动脱节而使管线漏水。因此在这些部位须设置支墩以承受拉力和防止事故。但当管径小于 300mm 或转弯角度小于 10。且水压力不超过 980kPa 时，因接口本身足以承受拉力，可不设支墩。

2）调节构筑物。

a. 水塔。水塔一般采用钢筋混凝土或砖石等建造，主要由水柜、塔架、管道和基础组成。进、出水管可以合用，也可分别设置。为防止水柜溢水和将柜内存水放空，须设置溢水管和排水管，管径可和进、出水管相同。溢水管上不设阀门。排水管从水柜底接出，管上设阀门，并接到溢水管上。

b. 水池。给水工程中，常用钢筋混凝土水池、预应力钢筋混凝土水池和砖石水池，一般做成圆形或矩形。水池应有单独的进水管和出水管，安装位置应保证池内水流的循环。此外应有溢水管，管径和进水管相同，管端有喇叭口、管上不设阀门。水池的排水管接在集水坑内；管径一般按 2h 内将池水放空计算。容积在 1000m³ 以上的水池，至少应设两个检修孔。

3）管网附件。

a. 闸阀、蝶阀是控制管道输水流量的阀门，通常布置在上下级管道分水口。

b. 止回阀是保证管路中的介质定向流动而不致倒流的阀门，通常布置在水泵出口处。

c. 排气阀是用来排除集积在管中的空气的阀门，常布置在给水管网末端和最高点。

四、输配水管网水力计算

人畜饮水工程中的输配水管网是指保证输水到给水区内并且配水到所有用户的全部设施。它包括输水管、配水管网、泵站、水塔和水池等，是整个供水工程投资较大部分。对输配水管网设计的总要求是保证不间断供给用户所需的水量及水压。

当输配水管网布置方案确定以后，就可以进行管网的水力计算。水力计算的任务是在最高日最高时用水量的条件下，确定各管段的设计流量和管径，并进行水头损失计算，根据控制点所需的自由水头和管网的水头损失确定二级泵站的扬程和水塔高度，以满足用户对水量和水压的要求。因此，输配水管网水力计算主要是根据管网布置形式及用户配水方案确定输配水管段的沿线流量、压力和节点流量、压力。

1. 管段计算流量

管网布置完毕后，各管段的平面位置已确定，但管径尚未确定。必须确定出各管段的计算流量，从而推求出管径。为此，引进比流量、沿线流量、节点流量几个概念，以最终求得管段计算流量。

（1）比流量。在管网的干管和分配管上，接有许多用水户。既有工厂、机关、旅馆等用水量大的用户，也有数量很多但用水量较小的用户。干管配水情况较为复杂，若按实际流量情况确定管径，则该管线的管径变化将非常频繁，计算也相当麻烦，工程中也无必要，实际计算时将沿线配水流量加以简化，目前，在给水工程中常用的计算管段沿线流量的方法为比流量法。该法是对管段实际配水情况进行简化后再计算沿线流量的方法。为了简化实际情况，假定整个管网的用水量除集中大用户（如大的工厂、机关、旅馆等）所用水量外，小用户的用水量 q_1、q_2 等均匀分布在全部干管上，因此，管网各管段单位长度的配水流量相等，这种单位长度管线上的配水量叫长度比流量，其大小可用式（7-1）计算：

$$q_s = \frac{Q_h - \sum Q_j}{\sum L} \tag{7-1}$$

式中　q_s——长度比流量，L/(s·m)；

　　　Q_h——管网最高日最高时用水量，L/s；

　　　$\sum Q_j$——大用户集中用水量总和，L/s；

　　　$\sum L$——干管总长度（当管段穿越广场、公园等两侧无用户的地区时，其计算长度为零；当管段沿河等地敷设只有一侧配水时，其计算长度为实际长度的1/2），m。

用长度比流量描述干管沿线配水情况存在一定缺陷，它忽略了沿线供水人数和用水量的差别，因此，不能反映各管段的实际配水量。所以，提出另一种计算方程是面积比流量法，认为管网总用水量减去所有大用户的集中流量后均匀分布在整个用水面积上，则单位面积上的用水量称为面积比流量，可用式（7-2）计算：

$$q_A = \frac{Q_h - \sum Q_j}{\sum A} \qquad (7-2)$$

式中 q_A——面积比流量，$L/(s \cdot km^2)$；

$\sum A$——用水区总面积，km^2；

Q_h、$\sum Q_j$ 含义同前。

面积比流量法计算结果要比长度比流量法符合实际，但计算较繁琐。

（2）沿线流量。配水管网中的节点，一般是指不同管径或不同材质的管线交接点或两管交点或集中向大用户供水的点。两节点之间的管线称为管段。管段顺序连接形成管线。起点和终点重合的管线称为管网的环。

沿线流量是管网中连接两节点的管段两侧用户所需的流量，即某一管段沿线配出的流量总和。可用比流量计算其大小：

$$q_L = q_s L a \text{ 或 } q_L = q_A A \qquad (7-3)$$

式中 q_L——沿线流量，L/s；

q_s——长度比流量，$L/(s \cdot m)$；

q_A——面积比流量，$L/(s \cdot km^2)$；

L——管段计算长度，m；

A——管段承担的供水面积，km^2。

（3）节点流量。管网中凡有集中流量接出的点或管段的交点，管道中流量都会发生突变，这些点称为节点，两节点间的连续管段划分为计算管段。节点流量是为了计算方便对管段的沿线流量进一步简化的结果。

管网中任一管段的流量由两部分组成：一部分是该管段沿线配出的沿线流量 q_L；另一部分是通过该管段转输到后继管段的转输流量 q_t。这种沿线变化的流量不便于用来确定管径和水头损失，需进一步简化。简化的方法是，将沿线流量折算为从该管段两端节点流出的流量。折算的原理是，折算流量（$q_t + a q_L$）所产生的水头损失应等于实际沿线变化的流量产生的水头损失。

由沿线流量折算到节点去的流量称为沿线节点流量，某一节点连接几个管段就有几个管段向该节点去的流量称为沿线节点流量。大用户集中流量可直接移到附近节点，称为集中节点流量。则节点流量 Q_i 包括沿线节点流量和集中节点流量。

必须指出，沿线流量是指管段沿线配出的用户所需流量，节点流量是以沿线流量折算得出的并且假设是在节点集中流出的流量。经折算后，可以认为管网内所有的用水量都是从节点上流出的，且所有节点流量之和等于 Q_h。

（4）管段计算流量。管段计算流量是确定管段直径进行水力计算时所依据的流量。由管段的沿线流量和通过本管段转输到以后各管段的转输流量组成。在确定了各节点的节点流量的基础上，通过管段流量分配确定。

1）树状管网管段计算流量的确定。首先按最高日最高时管网用水量计算管网各节点的节点流量，然后在管网的各管段上标出水流方向，对于树状管网从水源供水到各节点，各管段只有一个唯一的方向，因此，管网中任一管段的流量等于该管以后（顺水流方向）所有节点流量的总和。

2）环状管网管段计算流量的初步确定。环状管网的流量分配比较复杂，因各管段的流量与以后各节点的流量没有直接的联系，不能像树状管网一样通过求节点流量代数和的方法确定管段计算流量。而且，各管段的计算流量并不唯一，可以有许多不同的流量分配方案。

初步确定环状管网管段计算流量时，应满足两个条件，即保证供给用户所需的水量和满足节点流量平衡条件。

节点流量平衡条件也称节点水流连续条件，是指流向任一节点的流量必须等于流离该节点的流量。显然节点流量为流离节点的流量之一。用式表示为

$$q_i + \sum q_{ij} = 0 \tag{7-4}$$

式中　q_i——节点 i 的节点流量，L/s；

　　　q_{ij}——与 i 节点相连的从节点 i 到节点 j 的管段中的流量，L/s。

在计算时一般假定流离节点的管段流量为正，流向节点的管段流量为负。

初步确定环状管网各管段流量时，可按下面的步骤进行。①按照最高日最高时的管网用水量，确定管网各节点的节点流量。②按照管网的主要供水方向，初步拟定各管段的水流方向。③按节点流量平衡条件，依次分配各管段的流量，一般主要干管分配较大的流量，分配管分配较小的流量。

为管网各管段分配流量后，由此流量即可确定各管段的管径，并通过水力计算进一步对初步分配的流量进行调整，以确定最终的管段流量。

（5）管径。通过上面的管段流量分配计算后，各管段的流量就可以作为已知条件用来计算管径。管段的直径由管段的设计流量和流速确定，它们之间的关系是

$$q = Av \tag{7-5}$$

式中　q——管段的设计流量，m³/s；

　　　A——管段的断面积，m²；

　　　v——流速，m/s。

直径为 d 的圆管，其断面积为 $A = \dfrac{\pi d^2}{4}$，于是式（7-6）可写为

$$d = \sqrt{\dfrac{4q}{\pi v}} \tag{7-6}$$

式中　d——管径，m；

　　　q——管段的设计流量，m³/s；

　　　v——流速，m/s。

从式（7-6）中可知，管径大小和流量、流速都有关系。如果流量已知，还不能确定

管径，必须先定流速。

2. 管段压力计算

为了保证一座建筑物的最高用水点有足够的水量和压力，要求管网在该建筑物的进户管处具有一定的自由水头，也称最小服务水头。自由水头是指配水管中的压力高出地面的水头。这个水头必须能克服管道和用水器具的水流阻力，保证在一定安装高度上的用水器具有适当的放水压力。因此，计算管网所需的水压时，应选择一个距水厂或水塔最远或最高的用水点作为管网的控制点（这个控制点也称为最不利点），自此点沿管线逐段计算沿程水头损失和局部水头损失，推算至水塔。只要控制点的自由水头能满足用水要求，则管网中所有用水点的自由水头均能满足要求。

在给水管网计算中，主要考虑沿管段长度的水头损失，管件和附件的局部水头损失可按沿程水头损失乘以 1.05～1.10 计算。但对于水流条件复杂、流量较大情况，宜逐个节点计算局部水头损失以减小误差：

$$h_w = h_f + h_j \qquad (7-7)$$

式中　h_w——管段总水头损失，m；

　　　h_f——管段沿程水头损失，m；

　　　h_j——管段局部水头损失，m/s。

其中

$$h_f = \lambda \frac{L}{d} \frac{v}{2g} \qquad (7-8)$$

式中　L——管段长度，m；

　　　d——管道直径，m；

　　　v——管中流速，m/s；

　　　λ——阻力系数，依管材而定。

将式（7-6）管径中的公式 $d = \sqrt{\dfrac{4q}{\pi v}}$ 解出 v 代入式（7-9）得

$$h_f = \lambda \frac{L}{d} \frac{16q^2}{2\pi^2 d^4 g} = \frac{8\lambda}{g\pi^2 d^5} \qquad (7-9)$$

$$\text{或} \quad i = \frac{8\lambda}{g\pi^2 d^5} q^2 \qquad (7-10)$$

式中　q——管道设计流量。

上述各项计算水头损失的公式，都是在特定条件下总结出来的经验公式，都有其局限性。实际应用时其计算结果有时相差较大，因此应根据实际情况和有关规定确定采用具体公式。

第三节　牧场供水工程

牧场供水工程规划设计是：充分利用现有资料，相关规划和科研成果，全面评价牧场供水、用水状况，分析牧场供水发展的薄弱环节、突出问题和制约因素；根据各地草原类型、草地资源开发利用现状，牧场水资源分布特点、牧场经济社会发展现状，兼顾流域及行政区划，进行规划分区；分析不同区域的水资源特征、畜牧业发展情况，确定牧场供水工程适宜发展模式及规模；在统筹考虑灌溉饲草料地、牧场供水、退化草地水土保持发展规划布局及分区的基础上，以区域水资源承载能力为主要指标确定牧场供水能力、分区目标任务、配套技术措施；确定需要改善的供水不足草场的面积、需要解决的牲畜饮水困难的数量、各规划区供水量，解决现有供水不足草场的牲畜饮水困难问题和转场牧道的牲畜饮水问题。

一、牧场供水工程总体布置

牧场供水工程既要满足牧业定居点的人畜用水、游动放牧点的牲畜用水，还要满足牧民转场时的牧道供水。如何基于牧区水资源缺乏、时空分布不均的特点，进行牧场供水工程的合理布置是牧场供水需解决的重要技术经济问题。在牧场供水工程总体布置中，牧业定居点的供水按"村镇安全饮水工程"统筹规划人畜用水；"游动放牧点的牧场供水工程和牧民转场时的牧道供水工程"仅考虑牲畜用水。因此，牧场供水工程的总体布置内容是根据现有水源工程及饮水半径进行新的水源工程的位置确定及供水区域的合理划分。

1. 游动放牧点的牧场供水工程布置

为了更好地利用牧场的饲料资源，通常将牧场划分成一系列区段。在这些区段中，牲畜按一定次序放牧。区段大小的划分和放牧的方法，由畜牧工作人员根据牧场饲料的生产量、种类和放牧牲畜的数量来决定。供水工程则布置在放牧场段比较近的地方，形成一个供水点。一般一个供水点为一个放牧场域服务。在这种条件下，工程供水点应尽量布置在牲畜活动区域的中心，便于牲畜在放牧中、在离开和返回供水点时不致疲劳，从而减少体力消耗。供水点与放牧区最远的距离，称作饮水半径或放牧半径。为了使所有放牧面积都处在供水工程控制半径之内，必须使相邻两饮水点间的距离都小于饮水半径的 2 倍。如图7-1 所示。有时，在一些引水困难而又有好的饲料基地牧场，一个供水点要为 2～3 个放牧场域服务。在这种情况下，供水点通常设置在由这些区域构成的共同的边界上。

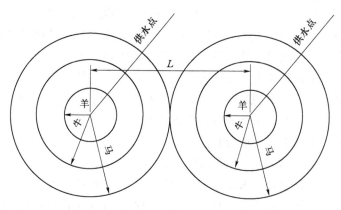

图 7-1　饮水半径示意图

在选定饮水半径时，要遵循放牧场的核算方法。饮水半径既不能过小，使得草场利用过度，单位投资增大，经济效益下降；也不能过大，使得缺水地区距离供水点过远，草场得不到充分利用，供水工程与草场的经济效益不能充分发挥。一般在水资源条件和草原生态保护许可的条件下，应按牲畜自然放牧条件下的适宜饮水半径确定，我国牧场多数地区以混合畜群放牧为主，故以羊的适宜饮水半径进行供水点距离确定。据有关试验研究资料，羊的适宜饮水半径在5～10km之间，一般典型草原区取5～7km，荒漠草原区取小于10km。对于处在崎岖不平的丘陵和沟谷中的牧场的饮水半径，要缩小30％～40％。对于乳畜，其饮水半径应该尽可能地小，这样可以创造最好的放牧条件，以便增加出奶量。饮水半径对牲畜，长肥提高产量也有相同的作用。如果缩小饮水半径，则牲畜将明显减肥。

这种根据牲畜饮水需求和牲畜饮水半径布置的供水工程，在牧场范围内形成供水工程网络。牧场供水工程网络布置通常有3种形式：第一种是梅花形布置，供水点距离分布均匀，取水效果较好；第二种是方格形布置，供水点距离分布有一定差异，取水效果较差，在生产实际中用的较少；第三种是不规则布置，主要用于同一牧场，畜群种类、草原类型、水源供水量有较大差异时供水工程的布置。

供水工程网络要充分利用江河、湖泊、泉等天然水资源形成的自然供水点，解决牲畜饮水问题。在天然水资源无法满足牲畜饮水的基础上，实施工程供水措施。如打井、修塘坝、管道输水、渠道输水等方式解决牧场牲畜饮水问题。同时，要求一个地区的供水点总体平衡、均匀布局。牧场局部范围如确实存在畜群种类、草原类型、水源供水量有较大差异，可进行不均匀分布。

2. 牧民转场时的牧道供水工程布置

牧场放牧具有一定的季节性。如草原地区，放牧持续时间一般为170～200d，而在高山的牧场，则只能放牧70～80d。当牲畜从一个牧场转移到另一个牧场时，须通过专门的牧道转场，转场过程可达数天甚至数十天。为保证牲畜远距离安全转场，牧道必须有好的饲料和饮水区，以便牲畜停歇休息。供水工程则沿牲畜所经道路进行布置，供水工程距离取决于牲畜转移方式、牲畜移动速度和牲畜一昼夜转移的幅度。

通常，牲畜转场有两种转移方式：一种是牲畜沿着选定的牧道转移，边走边放牧；另一种是不放牧，整队赶着走。赶着放牧时，牲畜在牧场上同时赶路和放牧，一昼夜最大距离为8～12km；整队赶着走时，牲畜的喂养主要依靠供水工程附近的饲养场，一昼夜最大距离为8～25km（平均20km）。牲畜在炎热时期转移时，一昼夜转移的幅度建议减少1.5～2倍。供水工程附近要设置有兽区站或兽医检疫站，并布置在离牲畜所经道路的0.5～1km处。

在进行牧道供水工程总体布置时，要依照水文地质条件的不同，联合利用地表水与地下水。并且在满足水质、水量的基础上优先利用地表水。如在河流、湖泊、沼泽、渠道的饮水半径内，且具备牲畜饮水条件的区域无须布井。

二、牧场取水形式与供需平衡分析

牧场应有水量充足、水质良好的水源，以供给牲畜饮水、饲养、管理、清洁卫生用水，维持畜体健康。如果出现供水不足或利用不合理，导致牲畜饮水不足时，将对牲畜全身代谢产生不良影响。暂时的饮水不足，可利用加强水分代谢作用进行调节。但长期的饮水不足，会使牲畜组织和器官内缺水，消化吸收作用减缓，代谢物排除受阻，最终出现幼畜生长缓慢、乳牛产乳量降低、马匹使役能力减低、畜体产生慢性中毒甚至死亡等现象。因此，必须利用引水建筑物、提水工具、储水池、带饮水槽的饮水场等工程措施，确保牲畜饮水。这一系列工程措施形成牧区供水工程系统。

1. 牧场供水形式

牧场供水形式的选择取决于牧民的生活、生产方式。对于半农半牧的牧场，牧民基本实现定居，牧场供水以集中供水形式为主，且供水系统参照《村镇供水工程设计规范》（SL 687—2014）规划设计。对于以游牧为主的牧场，则以分散式供水形式为主，供水工程的差异取决于水源类型的不同。本节主要介绍以解决牲畜饮水的分散供水形式。

（1）地表水取水形式。牧场地表水取水形式分为以河、湖为水源的系统，以雨水为水源的小型、分散系统。当牧场地表水水量充沛、水质较好、河岸离水源较近时，无须修建供水工程，只需沿河床或渠道修建牲畜引水通道，便于牲畜靠近水源饮水，同时须布设护栏防止牲畜掉入水中。如图 7-2 和图 7-3 所示。但遇到水源水量、水位不稳定、河岸离水源较远，牲畜无法直接饮用时，为保障畜群安全，也可修建供水工程将距离地表较远的河、湖水引上地面以满足牲畜饮水需求。

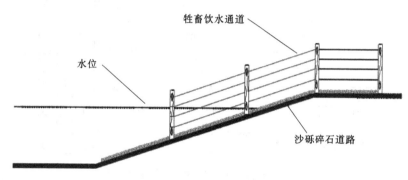

图 7-2　牲畜饮水通道断面图

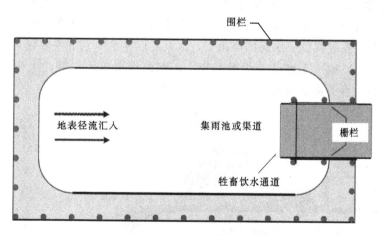

图 7-3　牲畜饮水通道平面图

1）以河水或湖水为水源的系统。引取河、湖、坑塘等地表水水源时，主要有两种引取形式：一种是沿河岸修建引水建筑物，通过吸水管将水引入集水井，再通过提水设备进行提水供畜饮的方式；另一种是直接用水泵将水源提至地表，输入蓄水池。

a. 沿河岸修建引水建筑物的牧场供水工程。用于引取地表水的引水建筑有 3 种类型：沿岸式、河床式及斗槽式。以上 3 种类型均由进水口、吸水管、控制阀、集水井、提水设备组成，但因建筑物结构形式和水源地的不同，而有所差异。

沿岸式引水建筑应建在岸陡水深的岸边，河床式引水建筑适用于深水水源，河岸倾斜且水源离河岸有一定距离的情况。沿岸式引水建筑如图7-4所示。与沿岸式引水建筑不同的是：河床式引水建筑自流管线长，安装进水口要有一定深度，以满足取水要求。斗槽式引水建筑是毗邻江、河等地表水源修建的人工渠道，该渠道用土坝与水源隔开。斗槽与主河道内水流速相比，渠道中水流速很低，大量杂质可在渠道中沉淀，能起到净化水质的效果。但该形式不易在冬季运行，因低流速易促进水面结冰，使渠道冻胀破坏。

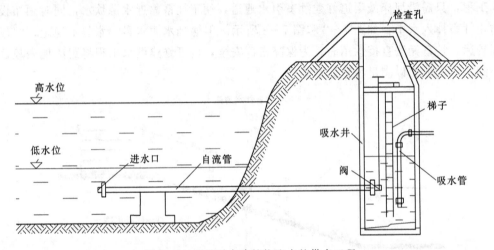

图7-4 通过引水建筑物取水的供水工程

b. 直接用水泵将水源提至地表的牧场供水工程。当河岸工程地质条件差、水源距离地表较远、不具备修建引水建筑物条件时，可直接用水泵将地表水源提至地表。水泵可采用浮动式潜水泵，安装在位于水面的浮箱上，水泵可以在水中上下左右任意浮动，且水泵进水口在水面以下，取水受水位变化影响较小。水泵用电可由风能、太阳能、柴油机提供。直接用水泵将水源提至地表的牧场供水工程如图7-5所示。

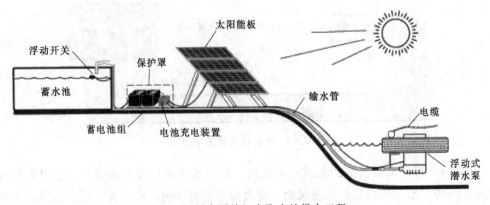

图7-5 用水泵从江中取水的供水工程

为保障引水设施的安全运行，引水建筑布设时须遵循以下原则：兼顾畜群饮水半径，沿地表水水流流向布置，并位于居民点和工矿企业的上游，以避免排出的污水所造成的引水污染；引水设施尽量布置于水源凹岸，便于引取表面清水，减少泥沙淤积；引水建筑所在河岸的工程地质条件应满足设计要求；进水口所在地的要有足够水深，在不同季节都能满足引水要求；吸水口、集水井都应安装过滤设施，避免大体积污物进入供水系统。

2）以雨水为水源的小型、分散系统。在地表水缺乏地区，还修建塘坝、水窖等建筑物，截留、储存降水作为水源，通过自压或加压的形式，将水流输送到用水区。根据水源地与用水区域的自然地形条件，可分为自压式集雨供水系统、加压式集雨供水系统。

a. 自压式集雨供水系统。自压式集雨供水系统利用山坡地形落差相对集中的特点，汇聚坡面径流，在适宜的地点设置集雨池和用水区，并通过暗管在重力作用下将水输送至用水区，如图 7-6 所示。

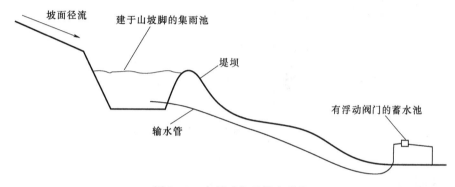

图 7-6　自压式集雨供水系统

b. 加压式集雨供水系统。在地势低洼区域修建具有防渗功能的小水库，用水泵将加压水流通过输水管道输送到用水区的蓄水池，如图 7-7 所示。如牲畜用水量大，须满足多天用水需求时，也可修建具有调蓄功能的二级蓄水池进行调蓄。二级蓄水池底部高程要高于牲畜饮水池的底部高程，取水区域应安装栅栏用于保护水质不被动物、人类活动污染。

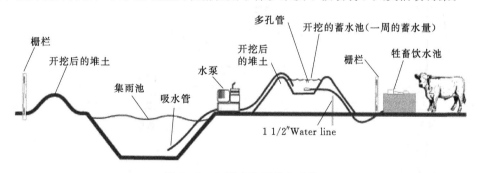

图 7-7　加压式集雨供水系统

（2）地下水取水方式。在我国牧区，可控制利用地下水以浅层地下水为主，一般可分为垂直式和水平式。其中，垂直式设施的主要形式为机井和筒井，并且为地下水的主要利用形式。由于机井的运行需要水泵加压（图 7-8），而牧区幅员辽阔、居住分散，电网覆盖度有限，机井动力只能靠内燃机，这就加大了提水成本，降低了牧业的经济效益。为此，当地牧民利用当地丰富的风能资源、太阳能资源进行提水（图 7-9 和图 7-10），使其成为发展农牧业经济和改善生态环境的一条重要途径。有太阳能装置提取地下水的牧场供水工程如图 7-10 所示。地下水取水技术详见第三章第二节牧区地下水开发利用技术。

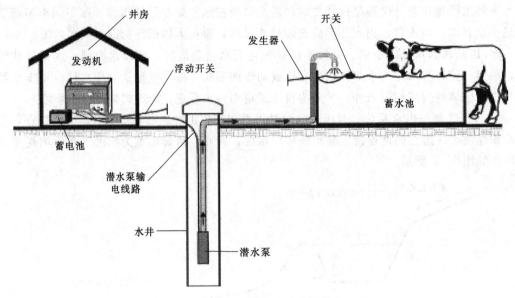

图 7-8　小泵提取地下水的牧场供水工程

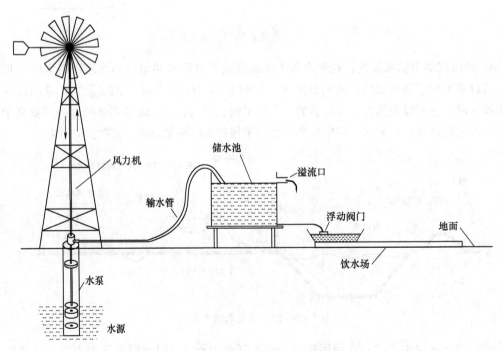

图 7-9　具有风力提水装置的牧场供水工程

2. 水资源供需平衡分析

水资源供需平衡分析应在调查确定供水不足草场范围的基础上，核定现有畜群饮水（包括水量、水质两个方面）困难的牲畜数量；在牲畜饮水保证率为 90% 的设计标准下，确定相应的供水量和供水工程规模，并因地制宜确定供水工程形式、规模、任务；为保护

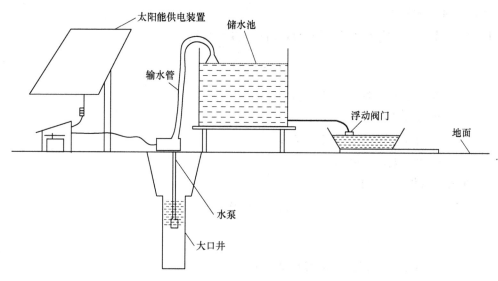

图 7-10 具有太阳能装置提取地下水的牧场供水工程

草原生态安全，不对无水草场进行开发利用。同时需要注意的是：我国牧场供水虽以牲畜饮水为主，但同时兼有一定的牧民生活供水功能。饮水水质要符合《生活饮用水卫生标准》（GB 5749—2006）。

（1）草场载畜量。草场载畜量指一定时期内放牧适度的前提下，单位面积草场上所能放养的牲畜头数。通常用每公顷草场上平均放养的羊单位数或牛单位数表示，或用放牧牲畜的头数表示。该值大小取决于草场类型、草场产草量、牧草品质和轮牧制度。对于舍饲或农牧结合的牧场，要考虑青储秸秆利用对草场载畜量的影响。有轮牧要求的草场，则以一年当中最大的草场载畜量作为水资源供需平衡的计算依据。

（2）牲畜饮水定额。牲畜饮水定额受季节、畜类及其品种、畜类年龄、畜产品特点、草场类型等因数的影响。夏天热，牲畜新陈代谢旺盛，饮水量就多，冬季冷，需水量少；小畜饮水量少，大畜饮水量多；乳牛的饮水量要比其他牛的饮水量大；一般水草丰盛的草场，牲畜饮水多；在干旱的草场上，牲畜饮水相对地少。因此，对于不同季节、不同地区、不同畜种，应实地测定饮水定额，并宜选择夏秋季节测定的大牲畜饮水定额为供水工程设计值。测定时，每次测定时间不少于 7d，测定的牲畜数量以 10 头（只）左右为宜，对成年畜、乳畜等要分别测定，作为参考，锡林郭勒盟牧区牲畜饮水定额见表 7-1。

表 7-1　　　　　　　　　　　　锡林郭勒盟牧区牲畜饮水定额

区　域	营　地	牲畜饮水定额/(kg/d)			
		羊	牛	马	骆驼
锡林浩特以东	冬春营地	3～4	32～35	28～32	30～38
	夏秋营地	4～6	45～50	40～45	40～50
锡林浩特以西	冬春营地	2～2.5	25～32	21～28	23～34
	夏秋营地	3～5.5	35～45	30～40	30～45

注　摘自孙利. 牧场供水规划中的几个问题 [J]. 农田水利与小水电. 1982（06）。

（3）水量平衡计算。

1）一个供水工程控制草场面积上放牧的畜群需水量：

$$Q = \frac{\eta ZM}{1000} \tag{7-11}$$

式中　Q——单个供水工程供水量，t/d；

　　　M——牲畜日饮水定额，kg/d；

　　　Z——草场载畜量，头（只，匹）；

　　　η——轮牧系数，一般为2～4。

2）饮水点（供水井）的数量。

$$N = \sum_{i=1}^{n} \frac{W_i}{V_i} \tag{7-12}$$

式中　N——供水工程数量，个；

　　　W——牧场中某个畜群饮水需水量，m³/d；

　　　V——牧场中某个供水工程供水能力，m³/d。

或

$$N = \sum_{i=1}^{n} \frac{A_i}{a_i} \tag{7-13}$$

式中　N——供水工程数量，个；

　　　A——供水不足草场面积，hm²；

　　　a——牧场中某个供水工程供水面积，hm²。

由于牲畜的日用水量是分次、集中在几个小时内饮用，并不是一次性饮用的，因此除满足供水工程总水量要求外，还须以牲畜的单位小时用水量来校核供水工程供水流量是否满足。如果供水工程某个时段的出水量小于牲畜用水量，则须设蓄水池。在畜群不饮水的时间，将供水工程的水蓄存起来，待饮水时，用池中的水供牲畜饮用。这样，就可以达到供水和用水之间的平衡。

（4）水资源供需平衡分析。牧场供水工程的水源类型很多，进行水资源供需平衡计算时，应对水源的来水量进行分析。当牧场供水工程由渠道供水时，应掌握在设计代表年的水文、气象条件下，渠道的来水量和来水量过程；当牧场供水工程直接从河中取水时，应分析该河流设计代表年的年径流量和月（旬）径流量；当牧场供水工程新建蓄水工程拦截当地地面径流作为水源时，应根据设计代表年的降水量及降水过程、径流系数、单位面积的产水量、集水面积等资料，进行水源来水量分析；当牧场供水工程抽取地下水作为水源时，若井已经建成，则应掌握该井在设计代表年的出水量、最大降深、动水位、周围井的分布情况、同时抽水时相互干扰的情况、目前使用的井泵规格型号等，特别是应该掌握随着地下水超采，地下水位逐年降低的情况。若需要新打井，应掌握当地的水文地质资料，如含水层的埋藏深度、含水层的岩性、厚度、层次结构、出水率、咸淡水分层和水质条件等，以及地下水储量及开采条件，以便掌握成井后井的出水量和合理地确定井距。

在确定了牧场供水工程水源的来水量和来水流量、牧场供水区的用水量和用水流量之后，应对用水和来水进行水量平衡计算。通常，在水量平衡计算中，可能出现3种情况：①当水源来水量及其在时间上的分配都能达到或超过牧场供水用水量和用水流量时，说明天然来水能够满足牧场供水任何时候的用水要求，无需再修建蓄水工程。②来水量等于或大于牧场供水用水量，但其在时间分配上与用水不相适应，这时既具备了调蓄的条件，又存在调蓄的必要，故应建一定规模的蓄水工程调蓄水量，改变天然的来水过程以适应牧场供水用水要求。③水源来水量小于牧场供水用水量，失去了调蓄的条件，必须另辟水源，增加来水量，使总来水量等于或大于牧场供水用水量后再考虑用水调节的问题，否则就应适当地减小牧场供水面积。

三、蓄水池、饮水场设计

为保护水源免受牲畜便溺污染，通常须修建饮水场，引导牲畜集中在饮水场内部的饮水槽内饮水。蓄水工程的容积是根据来水和用水的平衡关系来确定的。不同情况下蓄水工程容积的计算方法也不同。

1. 蓄水池设计

当水源水量小于用水量时，或采用动力机械提水时，须在靠近水源较高的位置修建蓄水池，池底高于饮水槽，以满足牲畜需水要求。

在掌握水源来水流量的情况下，可通过调节计算确定蓄水工程容积。本着既保证牲畜用水要求又尽量节省工程量的原则，牧场供水工程以日调节为主。

当水源的最小日来水量能满足牲畜最大日用水量，而来水流量小于用水流量时，可按日调节确定蓄水容积：

$$V = k(Q_用 - Q_来)t \tag{7-14}$$

式中　V——蓄水容积，m^3；

　　　$Q_用$——作物需水临界期用水流量，m^3/h；

　　　$Q_来$——作物需水临界期来水最小流量，m^3/h；

　　　t——牲畜饮水间隔时间，h；

　　　k——安全系数，考虑蓄水时因蒸发和渗漏的损失，取 $1.1\sim1.2$。

蓄水池的形状可为圆形、方形、长方形等形状。蓄水池的池墙可用砖、条石或块石砌筑，并要有适当的厚度，以保证坚实稳固又不浪费材料。池底必须做好防渗处理：对土质池底，若为黏性土，可就地夯实；若土质不好，应填一层厚 $30\sim50cm$ 的黏土或黏壤土掺石灰，分层夯实；对金属蓄水池，应做好防锈处理；当水池不太大时，也可用片石、砖勾缝衬砌或用厚 $10\sim15cm$ 的混凝土抹底。

2. 饮水场设计

牲畜饮水时，通常分批次饮水，一群牲畜饮完水后，另一群牲畜去饮水。则饮水场的大小，应视畜群数量的多少来确定。饮水场面积越大，饮水槽容积越大，则牲畜饮水时间越短。一般而言，一群牲畜的饮水时间不宜超过 $1h$，时间过长将影响牲畜食草和休息。

饮水场一般在原土夯实的基础上，用石料、混凝土等硬质材料铺砌而成，饮水场高度为 $0.3\sim0.4m$。饮水场四周应设置排水沟，以排除牲畜粪便及污水，排水出口宜远离水源 $100m$ 外。

饮水槽有石质、金属质、塑料质等多种类型，一般布置在饮水场上。其宽度取决于牲畜身体宽度，而长度则取决于牲畜大小、多少和饮水时间。大牲畜（骆驼、牛、马）大约 $7\sim10min$，小牲畜约 $3min$。则饮水槽长度可用下列公式求出：

$$L = \frac{nt_n a}{T} \qquad\qquad (7-15)$$

式中 L——饮水槽长度，m；

　　　n——群牲畜的头数，头；

　　　t_n——群牲畜的饮水时间，min；

　　　T——一群牲畜的饮水时间，min；

　　　a——头牲畜在饮水时所占宽度，m。

为保证饮水槽内水质清洁，饮水槽底部宜带有一定坡度，且末端安装带阀或塞子的排水小孔，将槽内多余水量排出。

思 考 题

7-1 什么是牧场供水？简述牧场供水的特点及牧场供水工程组成。

7-2 牧区供水工程关键技术有哪些？

7-3 试阐述牧区人畜饮水工程规划的原则与思路。

7-4 牧区人畜饮水工程的布置原则。

7-5 牧场水源类型有几种？供水形式有哪些？如何进行牧场水量平衡计算？

第八章 牧区水土保持技术

第一节 概 述

水土保持技术是利用工程技术原理防治山区、草原、丘陵、风沙区水土流失，保护、改良与合理利用水土资源，以利于充分发挥水土资源的经济效益和社会效益，建立良好生态环境的一种技术。草地是我国陆地上面积最大的生态系统，是生态环境的基础，对改善生态环境、维护生态平衡、保护人类自下而上的发展起着重要的作用。我国牧区多处于生态环境脆弱区，受人为和自然因素影响，80％以上的天然草地不同程度沙退化，草原生态环境的恶化不仅影响着我国的生态安全和国民经济可持续发展，也影响着民族团结和边疆稳定，搞好牧区水土保持的意义十分重大和深远。

一、牧区水土保持工程研究对象与内容

1. 水土保持工程研究对象

水土保持工程学的研究对象是斜坡及沟道中的水土流失，即在水力、重力、风力等外力作用下，水土资源损失和破坏的过程及其工程防治措施。水土流失的形式包括水的损失及土体损失。水的损失一般指植物截留损失、地面及水面蒸发损失、植物蒸腾、深层渗漏、地表径流、坡地径流等。在草原牧区多为地表径流和坡地径流损失，它不仅减小土壤含水量也影响牧草生长，控制地表和坡地径流损失是牧区治理水土流失的重要环节。土体损失除雨滴溅蚀、片蚀、细沟侵蚀、浅沟侵蚀、切沟侵蚀等典型的土壤侵蚀形式外，还包括河岸侵蚀、山洪侵蚀、泥石流侵蚀等措施。

2. 水土保持工程的内容

根据兴建目的及应用条件，我国将水土保持工程分为4类主要内容：山坡防护工程；山沟治理工程；山洪排导工程；小型蓄水用水工程。

（1）山坡防护工程的作用在于用改变小地形的方法防止坡地水土流失，将雨水及融水就地拦蓄，使其深入草地、农地和林地，减少或防止形成地表径流，增加牧草、作物、林木的可利用土壤水分。同时，将未能拦蓄的地表径流引入小型蓄水工程。牧区山坡防护工程的主要措施有水平沟、鱼鳞坑、截流沟、挡土墙等。

（2）山沟治理工程的作用在于防止沟头前进、沟床下切、沟岸扩张，减缓沟床纵坡、调节山洪洪峰流量，减少山洪或泥石流固体物质含量，使山洪安全排泄、对沟口冲积锥不造成灾害。牧区山沟治理工程的主要措施有沟头防护工程、拦沙坝、淤地坝、沟道护岸工程等。

（3）山洪排导工程的作用在于防止山洪或泥石流危害沟口冲积锥上的房屋、道路、农田、灌溉草地等具有重大经济和社会价值的防护对象。牧区山洪排导工程主要措施有导流堤和排洪沟工程。

（4）小型蓄水用水工程的作用在于将坡地径流及地上径流拦蓄起来，减少水土流失危害，灌溉农田或草地，提高作物和牧草产量。牧区小型蓄水用水工程主要有塘坝、引洪漫地、淤地造田等工程。

二、牧区水土保持工程学与其他学科的关系

水土保持工程学与自然科学、应用科学、环境科学等基础科学联系紧密。在牧区，水土保持与草地灌溉、水土资源开发密不可分。

（1）与气象学、水文学的关系。各种气候因素和不同气候类型对水土保持都有直接或间接的影响，并形成不同的水文特征。水土保持工作者一方面要根据气象、气候对水土保持的影响以及径流、泥沙运行的规律采取相应的措施，抗御暴雨、洪水、干旱、大风的危害，并使其害变为利；另一方要通过综合治理，改变大气层下垫面性状，对局部地区的小气候及水文特征加以调节与改善。

（2）与地貌学的关系。地形条件是影响水土流失的主要因素之一，而水蚀及风蚀等水土流失过程又对塑造地形起重要作用。地面上各种侵蚀地貌是影响水土流失的主要因素之一。

（3）与地质学的关系。水土流失与地质构造、岩石特性有很大关系。许多水土流失作用如滑坡、泥石流等均与地质条件有关，水土保持工程的设计与施工涉及地基、地下水等问题，需要运用第四纪地质学、水文地质及工程地质的专门知识。

（4）与土壤学的关系。土壤是水蚀和风蚀的主要对象，不同土壤具有不同的渗水、蓄水和抗蚀能力。改良土壤性状，保持与提高土壤肥力与防止水土流失有很大的关系。

（5）与应用力学的关系。为查明水土流失原因，确定防治对策，除水力学、泥沙水动力学、工程力学外，还需应用土力学、岩石力学等知识，在应用科学方面，水土保持学与环境保护、农学、林学等均有密切关系。

（6）与草地灌溉科学的关系。在牧区，除自然因素外，灌溉草地的开发建设也是造成水土流失的重要原因之一。为制定合理的防治对策，促进灌溉草地发展，还需应用草地灌溉学科的相关知识。

第二节　水土保持防治措施

水土保持防治措施为防治水土流失，保护、改良与合理利用水土资源，改善生态环境所采取的工程、植物和耕作等技术措施与管理措施的总称。在我国，一般根据治理措施特性分为工程措施、林草措施（或称植物措施）和农牧业技术措施三大类。

一、工程措施

工程措施是指为防治水土流失危害，保护和合理利用水土资源而修筑的各项工程设施，包括坡面治理工程、沟床固定工程、淤地坝工程、小型水库工程、护岸工程等。

1. 坡面治理工程

坡面在农牧业生产中占有重要地位，斜坡又是泥沙和径流的来源地，水土保持要坡沟兼治，而坡面治理是基础。坡面治理工程包括斜坡固定工程、山坡截流沟、水平沟、鱼鳞坑等。

2. 沟床固定工程

沟床固定工程为固定沟床，拦蓄泥沙，防止或减轻山洪及泥石流灾害而在山区沟道中修筑的各种工程措施。主要作用是防止沟道底部下切，固定并抬高侵蚀基准面，减缓沟道纵坡，减小山洪流速。包括沟头防护工程、谷坊、沟床铺砌、种草、沟底防冲林带等。其中，谷坊是最常用的措施之一。谷坊是山区沟道内为防止沟床冲刷及泥沙灾害而修筑的横向拦挡建筑物，又名防冲坝、沙土坝等，高度一般小于 3m。根据使用年限不同，可分为永久性谷坊和临时性谷坊。浆砌石、混凝土、钢筋混凝土谷坊为永久性谷坊，其余基本上属于临时性谷坊。按谷坊的透水性质，又可分为透水性谷坊与不透水性谷坊，如土谷坊、浆砌石谷坊、混凝土谷坊、钢筋混凝土谷坊等为不透水谷坊，而只起拦沙挂淤作用的插柳谷坊、干砌石谷坊等皆为透水性谷坊。

3. 淤地坝工程

淤地坝是指在沟道里为了拦泥、淤地所建的坝，坝内所淤成的土地称为坝地。淤地坝主要目的在于拦泥淤地，一般不长期蓄水，其下游也无灌溉要求。一般淤地坝由坝体、溢洪道、放水建筑物 3 个部分组成。坝体是横拦沟道的挡水拦泥建筑物，用以拦蓄洪水，淤积泥沙，抬高淤积面。溢洪道是排泄洪水建筑物，当淤地坝洪水位超过设计高度时，就由溢洪道排出，以保证坝体的安全和坝地的正常生产。放水建筑物多采用竖井式和卧管式，沟道常流水，库内清水等通过放水设备排泄到下游。

4. 小型水库工程

水库是综合利用水利资源的有效措施，除灌溉农田外还可防洪、发电、养鱼、改变自然面貌。

（1）小型水库分类标准。对牧区水土保持而言，库容小于 1000 万 m^3 的水库是主要研究对象。按国家规定，库容 $100\sim1000m^3$ 的为小 I 型水库；库容 $10\sim100$ 万 m^3 的为小 II 型水库。

（2）小型水库规划。主要包括库址选择、地质调查、水库特征曲线与特征水位确定、死库容与死水位确定、水库兴利调节计算及设计蓄水位确定、防洪库容确定、坝体设计、溢洪道设计、防水建筑物设计等。

5. 护岸工程

护岸工程指在河口、江、湖、海岸等地区，为了防止波浪、水流的侵袭、淘刷和在土压力、地下水渗透压力作用下造成的岸坡崩坍，而对原有岸坡采取砌筑加固的工程措施。

（1）护岸工程的设置地点。由于山洪、泥石流冲击使山脚遭受冲刷后而有山坡崩坍危险的地方；在有滑坡和横向侵蚀的山脚下，设置护岸工程兼起挡土墙的作用；在拦沙坝等建筑物附近，山洪遇堆积物常向两侧冲刷。如果两岸岩石或者土质不佳，就需设置护岸工程；在沟道窄而溢洪道宽处，如果过坝的山洪流向改变，也可能危及沟岸，这时也需设置护岸工程。

（2）护岸工程的种类。护岸工程一般可分为护坡与护基（或护脚）两种工程。枯水位以下称为护基工程。枯水位以上称为护坡工程。根据其所用材料的不同，又可分为干砌片石、浆砌片石、混凝土板、铁丝石笼、木桩排、架与生物护岸等。此外，还有混合型护岸工程，如木桩植树加抛石等。

（3）整治建筑物。按功能和外形，可分为丁坝、顺坝等。

1）丁坝。丁坝是由坝头、坝身和坝根3部分组成的一种建筑物。其坝根与河岸相连，坝头伸向河槽，在平面上与河岸连接呈丁字形，坝头与坝根之间的主体部分为坝身，其特点是不与对岸连接。其作用是改变山洪流向，防止横高侵蚀；缓和山洪流势，使泥沙沉积，并能将水流挑向对岸，保护下游的护岸工程和堤岸不受水流冲击；调整沟宽，迎托水流，防止山洪乱流和偏流，阻止沟道宽度发展。

2）顺坝。顺坝是一种纵向整治建筑物，由坝头、坝身和坝根3部分组成。坝身一般较长，与水流方向接近平行或略有微小交角，直接布置在整治线上，具有导引水流、调整河岸等作用。顺坝有淹没与非淹没两种。淹没顺坝用于整治枯水河槽，顺坝高由整治水位而定，自坝根到坝头，沿水流方向略有倾斜，其坡度大于水面比降，淹没时自坝头至坝根逐渐漫水。非淹没顺坝在河道整治中采用较少。

二、林草措施

指为防治水土流失，保护与合理利用水土资源，采取造林种草及管护的方法，增加植被覆盖率，维护和提高土地生产力的一种水土保持措施，又称植物措施。主要包括造林、种草、封山育林草等方法。在牧区水土保持工作中，其不仅仅是一项保护措施，也是保障和增加生产的措施，是牧区生产生活建设中必不可少的重要组成部分。

1. 坡面水土保持林草措施

因过度放牧、樵采等产生的覆盖度低而水土流失严重的坡面，需通过人工营造水土保持林草的方法来防止坡面土壤侵蚀，增加坡面的稳定性。该类地区主要采用乔木树种与灌木带的水平带状混交技术，即沿等高线先造成灌木带，待其成活后，再在带间种植乔木。在小流域的水源地区，植被状况恶化但坡面依托残存有次生林或草灌植物等，需通过封山育林，逐步恢复植被，形成目的树种、草种占优势的林草结构。技术上主要采用林分密度管理和林分结构调整等。由于道路、水利工程或矿山开发等施工而出现的大面积坡面裸露地区，配合必要的工程护坡人工营造水土保持护坡林草工程。主要采用乔灌木水平带状混交和行间混交等。

2. 护坡薪炭林措施

薪炭林是解决水土流失区域农村牧区生活用能源（主要是做饭取暖）的一项重要措施。主要在解决农村生活用能源的同时，制止坡面的水土流失。薪炭林营造的关键在于选择造林树种，一般薪炭林树种应适应干旱、贫瘠的立地，具有再生能力强，耐平茬，生物产量高和热值高等特点。一般多采用再生能力强的灌木（如柠条、沙棘、马桑等），同时，也可将一些乔木（如刺槐、白榆，栎类乔木树种等）做灌木状经营。

3. 复合林牧护坡林

斜坡的利用方向如为牧业用地，护牧林的任务则为恢复植被或人工培育牧草创造必要的条件，利用林业本身特点为牲畜直接提供饲料，并保障牧坡或草场免于水土流失和大风寒冻之害。一般选择适应性强、耐干旱、适口性好、营养价值高的灌木树种，如柠条、酸棘等。

三、农牧业技术措施

主要有水土保持耕作技术和栽培技术等。

1. 耕作技术

通过外界的机械作用来改养土壤水分物理性状、控制水土流失和调节土壤肥力，提高农作物产量的技术措施。主要分为横坡耕作技术、深耕技术、平翻耕作技术、垄作耕作技术、免耕技术等。

（1）横坡耕作技术。即平行等高线的方向进行耕作。它是改变传统性顺坡耕作最基本、最简易的水土保持耕作法，也是衍生和发展其他水土保持耕作法的基础。该耕作方式除能改善土壤物理性状外，还能拦蓄大量地表径流，增加土壤的蓄水量和控制水土流失，在水土流失的坡耕地上，凡是坡度在 2°以上的坡耕地上都应该采用该技术。

（2）深耕技术。即通过深翻土壤，增加土壤透气性、保水性，恢复土壤团粒结构的方式进行耕作。其耕作深度受土质、地形、作物等影响较大，一般建议在 15～35cm 以内为宜。

（3）平翻耕作技术。是世界上应用历史最久，采用最普遍的一种耕作技术，在我国北方的绝大部分地区都采用该技术。一般有翻耕，耙、耱、压和中耕 3 个环节。

（4）沟垄耕作法。垄作耕作技术是我国东北地区（辽宁旅顺、大连、锦州地区除外）的固有耕作方法。通过采用人为筑垄的方法进行耕作，制造的小地形可减少风蚀、增加土壤湿度和平整度。具体是在等高耕作基础上改进的一种耕作措施，即在坡面上沿等高线开犁，形成较大的沟和垄，在沟内和垄上种植作物。此为更有效地控制水土流失的一类耕作方法。可用 10°～20°坡地（图 8-1）。因沟垄耕作改变了坡地小地形，每条沟垄都发挥就地拦蓄水土的作用，同时增加了降水入渗。

（5）免耕技术。由于平翻耕作后还要进行多次表土作业方能达到播种状态，从而容易造成土壤结构的破坏，在干旱多风地区极易造成严重的风蚀与水土流失。为此，人们早春将肥料与种子播入土地或撒于表面，不再进行机械除草和中耕，收获后作物残留物留在地表防治土壤侵蚀。

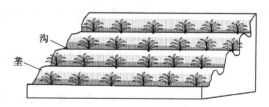

沟

垄

图 8-1　沟垄耕作法

2. 栽培技术

主要包括草田轮作技术、间作套种技术、带状间作技术、水平防冲沟种植技术等。

（1）草田轮作技术。是将不同品种的农作物或牧草按一定原则和作物（牧草）的生物学特性在一定面积的农田上排列成一定的顺序，周而复始地轮换种植，以达到减少土地裸露、改善土壤结构和质地的作用。如玉米、棉花、谷子等中耕物，株行距较大，宜配合种植密度大的紫花苜蓿、沙打旺、黑麦草等多年生牧草进行轮作。

（2）间作套种技术。指在同一土地上按照一定的行距、株距和占地的宽窄比例种植不同种类的农作物，以减少土壤裸露，充分利用空间和光热资源的一种农业技术。如玉米和豆科作物间种、套种或混种在我国北方水土流失地区普遍采用。

（3）带状间作技术。即沿着坡耕地的等高线划分成若干条地带，在各地带上交互或轮流种植密生作物或疏生作物，亦可种植作物与多年生豆科牧草。一般地说，降雨强度大，坡度大与土壤透水性小的地区，作物带应窄一些；相反则宽一些。如坡度 12°～15°时，可设置 10～20cm 宽的作物带；坡度 15°～20°时，作物带宽应为 5～10m。如果采用中耕作物，条带应窄一些。

（4）水平防冲沟种植技术。是在坡面上按横向水平方向，每隔一定距离用犁开一条沟，在开沟时行走一定距离将犁抬起来空出较短距离再犁，人为在一条犁沟内修建许多小的自然土埂，以起到截止和拦蓄地表径流的作用。在我国西北、华北坡耕地上和轮闲坡地上应用较多。

此外，牧区实施的划区轮牧、围栏封育等也是有效的水土保持防治措施。

第三节　水土保持工程设计

一、工程设计总体布置

1. 布置原则

（1）总体布置应以小流域为单元，收集基础资料，在分析流域经济社会发展需求和水土流失防治需求、土地利用现状的基础上进行；应以治理水土流失、改善牧区生产生活条件，改善和保护草原生态为基本出发点。

（2）应充分考虑小流域经济社会发展、生态建设及水土流失防治需求，优先植被建设工程，将经济林、灌溉草地、设施农业建设与农牧业产业化发展相联系，做到植物与工程相结合，生态和经济相结合，长远效益与短期效益相结合。

（3）充分考虑水资源状况，在缺水地区布设小型雨水集蓄利用工程，同时，合理布置沟道控制性工程，如淤地坝、拦沙坝；做到沟坡兼治，重点与一般相结合，有效控制水土流失，提高水土资源利用率。

（4）应充分利用大自然修复能力，根据实际情况布置封育治理及其配置措施，做到自然修复与人工治理相结合。

（5）干旱牧区应以建设生态屏障和防沙带、修复和改良草场、保护绿洲为核心，重视水蚀风蚀交错区的水蚀和风蚀防治。治理措施以防风固沙措施、封育治理及其配套措施、草场修复与建设、绿洲防护措施和林草措施为主，林草工程设计应以灌草为主。

（6）青藏高原牧区应以保护生态、修复和改良草场、改善河谷农业生产条件为核心，重点通过封育措施、轮封轮牧、建设用冬贮的人工草场、治理影响河谷农业生产的山洪灾害沟道，对局部河谷阶地的坡耕地进行治理并配套灌溉设施。林草植被恢复应考虑高原气候，选择适生的乡土树草种，工程措施设计应充分考虑冻融的影响。

2. 设计要求

（1）水土保持单项工程设计平面布置图比例尺宜取 1：5000～1：500，主要构筑物断面图比例尺取 1：500～1：100。

（2）小型水土保持工程和设施，初步设计阶段可采取典型设计方式估算工程量和投资；实施阶段根据实际需要开展后续设计。

二、淤地坝工程设计

1. 设计标准

淤地坝工程的设计标准，根据建筑物级别按表 8－1 确定。

表 8 - 1　　　　　　　　　　　　　　淤 地 坝 设 计 标 准

工 程 名 称		主要建筑物级别	洪 水 重 现 期	
			设计	校核
大型淤地坝	1 型	1	30～50	300～500
	2 型	2	20～30	200～300
中型淤地坝		3	20～30	50
小型淤地坝		—	10～20	30

2. 工程布置

(1) 坝系布置。在一个小流域内修有多种坝，有淤地种植的生产坝，有拦蓄洪水、泥沙的防洪坝，有蓄水灌溉的蓄水坝，各就其位，能蓄能排，形成以生产坝为主，拦泥、生产、防洪、灌溉相结合的坝库工程体系，称力坝系。坝系可分为干系、支系、系组。在某级支沟中的坝系，称为某一级淤地项支系，干沟上的则为干系。在一条沟道中，视沟的长短可分为一个或几个系组。

合理坝系布置方案，应满足投资少、多拦泥、淤好地，使拦泥、防洪、灌溉三者紧密结合为完整的体系，达到综合利用水沙资源的目的。坝系布设由沟道地形、利用形式以及经济技术上的合理性与可能性等因素来确定，一般常见的有以下几种：①上淤下种，淤种结合布设方式；②上坝生产，下坝拦淤布设方式；③轮蓄轮种，蓄种结合布设方式；④支沟滞洪，干沟生产布设方式；⑤多漫少排，漫排兼顾布设方式；⑥以排为主，漫淤滩地布设方式；⑦高线排洪、保库灌田布设方式；⑧隔山凿洞，邻沟分洪布设方式；⑨坝库相间，清洪分治布设方式。

(2) 坝体布置。应按照坝轴线短的原则，宜采用直线。应避开较大弯道、跌水、泉眼、断层、滑坡体、洞穴等，坝肩不得有冲沟。同一沟道内确需布设两座或两座以上大型淤地坝时，下一坝顶高程应低于上一坝底高程。

(3) 溢洪道布置。应尽量利用开挖量少的有利地形，进、出口附近的坝坡和岸坡应有可靠的防护措施和足够的稳定性，宜避开堆积体和滑坡体。具体位置不应靠近坝体，进水口距坝肩应不小于 10m，出水口距下游坝脚不小于 20m，以保证坝体安全。当坝址上游有较大支沟汇入时，溢洪道应布设在有支沟一侧的岸坡上，以便直接排泄支沟洪水，有利于坝地防洪保收。

(4) 防水工程布置。卧管布置应综合考虑坝址地形条件、运行管护方式等因素，选择岸坡稳定、开挖量少的位置，卧管涵洞连接处应设消力池或消力井。涵洞轴线布设宜采用直线型并与坝轴线垂直，如受地形、地质条件限制需转弯时，弯道曲率半径应大于洞径的 5 倍。涵洞的进、出口均应伸出坝体以外，出口水流应采取妥善的消能措施，并使消能后的水流与尾水渠或下游沟道顺畅衔接。涵洞应布设在岩基或稳定坚实的原状土基上，不得布置在坝体填筑体上。

3. 工程设计

淤地坝设计应在小流域坝系规划的基础上，按照工程类型分别进行。主要包括坝址选择、资料收集与地形测量、集水面积测算与库容曲线绘制、淤地坝水文计算、坝高确定及调洪演算、坝体设计、溢洪道设计、防水建筑物设计等。

（1）基本资料收集。需工程所在区域地质与地震资料。水文气象资料应主要包括降水、暴雨、洪水、径流、泥沙、气温和冻土深度等；水文地质资料应包括地质平面图、坝址地质断面图、沟道地下水溢出地段、泉眼位置及分布状况等。水土流失状况主要包括水土流失特点、成因，土壤侵蚀类型及其侵蚀强度情况等；经济社会情况应包括项目区内乡（苏木）村、土地、人口、劳力、生产、淹没区和下游影响区的乡（苏木）村、人口、土地、工矿等情况，坝址对外交通、水、电等情况；大中型淤地坝库区及坝址区地质条件与主要工程地质问题；坝址附近各种天然土石料的性质、储量和分布，以及枢纽建筑物开挖料的性质和可利用的数量。

（2）地形测量。

1）坝系平面布置图：在 1∶10000 地形图标出。

2）库区地形图：一般采用 1∶5000 或 1∶2000 的地形图。测至淹没范围 10m 以上。

3）坝址地形图：一般采取 1∶1000 或 1∶5000 的实测现状地形图，测坝顶以上 10m。

4）溢洪道、泄水洞等建筑物所在位置的纵横断面图：横断面图用 1∶100 或 1∶200 比例尺；纵断面图可用不同比例尺。

（3）坝址选择。坝址的选择在主要取决于地形和地质条件，并结合工程枢纽布置、坝系整体规划、淹没情况和经济条件等综合考虑。一个好的坝址必须满足拦洪或淤地效益大、工程量小和工程安全 3 个基本要求。坝址在地形上要求河谷狭窄、坝轴线短，库区宽阔容量大，沟底比较平缓。坝址附近应有宜于开挖溢洪道的地形和地质条件。坝址附近应有良好的筑坝材料（土、砂、石料），取用容易，施工方便。坝址应尽量向阳，以利延长施工期和蒸发脱水。坝址地质构造稳定，两岸无疏松的坍土、滑坡体，断面完整，岸坡不大于 60°。坝址应避开沟岔、弯道、泉眼，遇有跌水应选在跌水上方。坝扇不能有冲沟，以免洪水冲刷坝身。库区淹没损失要小，应尽量避免村庄、大片耕地、交通要道和矿井等被淹没。

（4）集水面积与库容曲线绘制。一般可用求积仪法、几何法、梯形计算法、等高线法及横断面法等。

1）求积仪法：将量出图上的面积乘以地形图比例尺的平方值，即得集水面积。

2）几何法：用透明的方格纸铺在划好的集水面积平面图上，数流域内有多少方格，根据每一个方格代表的实际面积，乘以总的方格数，就得出集水总面积。

3）梯形计算法：将集水面积划分成若干梯形，然后求各梯形面积之和。

淤地面积和库容的大小是淤坝工程设计与方案选择的重要依据。一般需绘制坝高与淤地面积和库容关系曲线。绘制的方法有等高线法和横断面法。

4）等高线法：首先量出各层等高线间的面积，再计算各层间库容及累计库容，然后绘出坝高-库容及坝高-淤地面积关系曲线。

5）横断面法：无库区地形图时，可用横断面法粗略计算。首先测出坝轴线处的横断面，然后在坝区内沿沟道的主槽中心线测出沟道的纵断面，再在有代表性的沟槽处测出其横断面。计算库容时，在各横断面图上以不同高度线为顶线，求出其相应的横断面面积，由相邻的两横断面面积平均值乘以其间距离，便得出此两横断面不同高程时的容积。最后把部分容积按不同高程相加,即为各种不同坝高时的库容。

(5)淤地坝的水文计算。设计暴雨量、设计洪峰流量、设计洪水总量以及洪水过程线推算等淤地坝水文计算内容,参见《水文学》有关章节。

1)坝高的确定。除拦泥淤地外,淤地坝还有防洪的要求。库容由两部分组成:一部分为拦泥库容,另一部分为滞洪库容。相应于该两部分库容的坝高,即为拦泥坝高和滞洪坝高。

2)拦泥坝高的确定。计算时,首先分析坝高-淤地面积-库容关系曲线,初步选定经济合理的拦泥坝高,再由其关系曲线中查得相应坝高的拦泥库容。其次由初拟坝高加上滞洪坝高和安全超高的初估值(一般为3~4m)作为全坝高来估算其坝体的工程量。根据施工方法、工期和社会经济情况等,判断实现初选拦泥坝高的可能性。然后由该坝所控流域内的年平均输沙量求得淤平年限。最后,根据淤地面积、工程量、淤平年限、施工方法和工期等进行技术经济方案比较,在用较少的筑坝投资获得较大的淤地面积的总原则下,分析确定设计拦泥坝高。

(6)滞洪坝高的确定。主要根据水量平衡原理通过调洪演算来确定。即在任一时段内流入淤地坝的水量减去流出淤地坝的水量,便是该时段内淤地坝的蓄水量。调洪演算的方法很多,基本上归结为两大类:即采用概化图形的高切林法和以水量平衡方程式为基础的各种图解法、图解分析法、数解法和试算法。高切林法将洪水过程线概化为三角形,库坝下泄过程线概化为直线,具有简单快速的优点,但所得结果较为粗略,且常偏小。以水量平衡方程式为基础的各种计算方法,可以适用于有闸、无闸,洪水过程线为直线、曲线等各种调洪情况,计算精度决定于洪水过程线的精度和计算时段的取定。单坝调洪演算主要利用如下公式:

$$q_p = Q_p \left(1 - \frac{V_z}{W_p} \right) \tag{8-1}$$

式中　Q_p——区间面积频率为 P 的设计洪峰流量,m^3/s;

　　　q_p——频率为 P 的洪水时溢洪道最大下泄流量,m^3/s;

　　　V_z——滞洪库容,万 m^3;

　　　W_p——区间面积频率为 P 的设计洪水总量,万 m^3。

拟建工程上游有设置了溢洪道的淤地坝时,调洪演算按式(8-2)计算:

$$q_p = (q'_p + Q_p) \left[1 - \frac{V_z}{W'_p + W_p} \right] \tag{8-2}$$

式中　q'_p——频率为 P 的上游工程最大下泄流量,m^3/s;

　　　W'_p——本坝泄洪开始至最大泄流量的时段内,上游工程的下泄洪水总量,万 m^3。

具体计算过程可参见参考文献[2]。

(7)超高的确定。坝顶高程是校核洪水位高程加安全超高。安全超高主要取决于坝高的大小,根据各地经验可采用表8-2的数值。

(8)坝的设计。土坝是牧区淤地坝的主要类型,是由土料填筑而成的挡水建筑物。按土料组合和防渗设备的位置等不同,可分均质土坝、心墙土坝、斜墙土坝和多种土质坝等;按施工方法的不同,又可分为碾压式土坝、水中填土坝以及水力冲填(水坠)坝等。

表 8 - 2　　　　　　　　　　　　　淤 地 坝 安 全 超 高 表

坝高/m	<10	10~20	>20
安全超高/m	0.5~1.0	1.0~1.5	1.5~2.0

1）坝顶宽度设计。坝顶的宽度与坝高有关，坝体越高则坝顶也应越高，可参考表 8 - 3 选定。当坝顶有交通要求时，应根据交通部门有关公路等级规定来确定其宽度，一般单车道为 5m，双车道为 7m。

表 8 - 3　　　　　　　　　　　　　坝 顶 宽 度 参 考 值

坝高/m	<10	10~20	20~30	>30
顶宽/m	2	2~3	3~4	4~5

2）坝坡设计。土坝坝坡的陡缓是决定坝体稳定的主要条件之一，可根据坝高、上料、施工方法和坝前是否经常蓄水等条件，参考已建成的同类土坝等拟定。对坝高超过 15m 的土坝，背水坡应加设马道，以增加坝身稳定和减少暴雨对坝坡的冲刷，马道宽为 1.5~2.0m。

（9）溢洪道设计。主要有两种：一种是明渠式溢洪道，适用于小型淤地坝和临时溢洪道；另一种是溢流堰式溢洪道，适用于大中型淤地坝。

明渠式溢洪道的断面形状可视地基情况而定，一般在岩石上可采用矩形断面，非岩基上宜采用梯形断面，其边坡为 1:0.3~1:1。断面尺寸可根据所选定的断面形状、设计最大泄洪流量（Q_m）和设计的滞洪水深（H_m），按水力学中的明渠均匀流流量公式计算。

陡坡式溢洪道是淤地坝溢洪道广泛采用的型式，通常由进口段、陡坡段、出口段组成。进口段由引水渠、进口渐变段和溢流坝组成。引水渠断面尺寸可按明渠均匀流流量公式计算，其长度不超过 20~30m。进口渐变段是由引水渠到溢流坝的过渡段。它的断面应由梯形变为矩形的扭曲面。溢流坝的断面为矩形，坝的长度一般为 3~6 倍的坝上水深。溢流坝下游衔接一段坡度较大（大于临界坡度）的急流渠道称为陡坡段。陡坡坡度通常采用的陡坡为 1:3~1:5，在岩基上可达 1:1。溢陡坡两边的边墙高度应根据水面曲线来确定。溢洪道的出口段一般由消力池、出口渐变段和下游尾渠组成。出口渐变段及下游尾渠的断面尺寸的确定与进口段的渐变段及引水渠的相同。消力池的设计参见《水工建筑物》教材相关章节。

（10）放水建筑物设计。放水建筑物主要由取水和输水两部分组成。取水建筑物一般多采用卧管，坡度由放置的山坡坡度或坝坡而定，一般为 1:2~1:4。卧管顶部盖板一般为混凝土板，台阶高差一般为 0.4~0.5m，放水孔直径为 15~60cm。卧管尺寸需根据设计放水流量应用自由式孔口出流公式计算获得。输水建筑物多采用输水涵洞，它与卧管或竖杆连接，埋在坝下，与坝轴线基本垂直。水流在涵洞内要求保持无压状态，洞内水深不应超过涵洞净高的 75%。涵洞断面形状确定后，其尺寸的大小主要根据设计加大流量及坡度确定，一般按明渠均匀流公式试算确定。

三、耕作措施设计

耕作措施包括覆盖、改变地形和改良土壤 3 类措施。

1. 覆盖措施设计

（1）草田轮作。适用于地多人少的半农半牧区或农区。半农半牧区，种 4~5 年农作物后，种 5~6 年草类。草种以多年牧草为主。

（2）带状间作。①间作条带方向：沿等高线或与等高线保持1％～2％的比降；条带宽度一般5～10m，两种作物可取等宽或分别采取不同的宽度，陡坡地条带宽度小些，缓坡地条带宽度大些；条带上的不同作物，每年或2～3a互换一次，形成带状间作又兼轮作。②作物带与草带的宽度，一般情况下可取两者等宽；地多人少、坡度较陡地区，草带宽度可比作物带宽度大些；相反则草带宽度可比作物带宽度小些；每2～3a或5～6a将草带和作物带互换一次，但互换后需调整带宽，使草带与作物带保持原来的宽度比例。

2. 改变地形措施设计

（1）等高耕作。适用于坡度较缓、有条件进行横坡耕种的坡耕地。其设计原则上应沿等高线起垄，可根据地形、坡度、土质等条件适当调整垄向，并辅以截流沟、地埂植物带等配套措施。风蚀缓坡地区，应使耕作方向与主风向正交，或呈45°；在南方多雨草原且土质黏重地区，耕作方向宜与等高线呈1％～2％的比降，并根据降水情况配套排水沟。

（2）垄向区田。适用于干旱、半干旱地区坡度小于5°的坡耕地。区田横挡应从田块最高处开始修筑；横挡高度宜低于垄台0.02～0.03m，底宽宜为0.3～0.45m，顶宽宜为0.1～0.2m。

（3）坑田种植。在坡耕地上沿等高线用锄挖穴，以作物株距为穴距（一般0.3～0.4m），以作物行距为上下两行穴间行距（一般0.6～0.8m）；穴的直径一般为0.2～0.25m，上下两行穴的位置呈"品"字形错开；挖穴取出的生土在穴下方作成小土埂，再将穴底挖松，从第二穴位置上取0.1m表土置于第一穴内，施入底肥，播下种子；以后逐穴采取同样方法处理。

3. 改良土壤措施设计

耕作层薄、土壤质地为中、重壤土或黏土的坡耕地适于采用深耕深松。耕松深度应根据土壤质地、地形、栽培作物种类及深耕方法确定，宜为0.25～0.3m，以打破犁底层为宜；深松时避免打乱土层；深松后应立即进行耙压，蓄水保墒。

四、林草工程设计

1. 设计标准

具有生产功能的林草工程设计标准分三级。一级标准应采取措施建设高标准农田，并配套相应灌溉设施，灌溉保证率不小于75％。二级标准应采取措施建设水平梯田，并配套相应灌溉设施，灌溉保证率不小于50％。三级标准应采取水土保持措施，并辅以雨水集蓄利用措施。具有植被恢复功能的林草工程设计标准也分两级，一级林草工程应充分考虑景观、环境保护和生态防护等多种功能的要求，按照园林绿化工程标准执行；二级林草工程应考虑生态防护和环境保护要求，适当考虑景观等功能要求，按照生态公益林的要求执行。

2. 工程布置

对于具有生态、生产功能的造林种草工程应以小流域水土流失综合治理为设计单元，改善当地生产、生活条件为目标，因地制宜的按山、水、田、林、路，不同流域地形、地貌部位，从流域上游到出口，层层设防地布置适宜的防护林林种。在水土流失轻微、交通方便、立地条件较好、具有灌溉条件处配置经济林果。

3. 工程设计

（1）设计内容。应包括：林种，树（草）种，苗木、插条、种子的数量、来源、规格及其处置与运输要求，造林种草方式、方法，乔灌木树种与草本、藤本植物的栽植配置（结构、密度、株行距、行带的走向等），整地方式与规格，整地与栽植季节。典型设计图包括栽植配置和整地的平面图、立面图，具体执行《水利水电工程制图标准水土保持图》。

（2）一般林草措施设计。一般林草措施设计所涉及5°以下的平缓地，应满足一般造林或种草所需的土壤水肥及光热条件；生产建设项目林草措施区域应满足土地整治后，造林覆表土0.5m、种草覆表土0.3m的基本条件。

（3）整地措施设计。地势平坦的草原、草地、滩涂和无风蚀固定沙地及生产建设项目经土地整治后满足造林种草覆土要求的，应采取全面整地。在生态脆弱地区避免全面整地，宜采用带状整地和块状整地的局部整地方式。其中带状整地方向一般为南北向，在风害严重地区，整地带走向应与主风方向垂直；有一定坡度时，宜沿等高线进行。

（4）造林设计。树种选择需适应当地生长，有利于发展农、牧业生产的优良树种和乡土树种，可采用乔灌混交、乔木混交、灌木混交、综合性混交。林带结构设计宜选用紧密结构，防风固沙基干林带，带宽20~50m，带间距50~100m。

（5）防风固沙种草设计。在林带与沙障已基本控制风蚀和流沙移动的沙地上，应进行大面积成片人工种草合理利用沙地资源。在干旱沙漠、戈壁荒漠化区，宜采用沙米、骆驼刺、籽蒿、芨芨草、草木樨、沙竹、草麻黄、白沙蒿、沙打旺、披碱草、无芒雀麦等草种；在半干旱风蚀沙地，宜采用查巴嘎蒿、沙打旺、草木樨、紫花苜蓿、沙竹、冰草、油蒿、披碱草、冰草、羊草、针茅、老芒雀麦等草种；高寒干旱荒漠、半干旱风蚀沙化区，宜采用赖草、针茅、沙蒿、早熟禾、虫实、沙米、猪毛菜、芨芨草、冰草、滨藜等草种。

五、封育及配套工程设计

1. 设计标准

封育设计标准分三级。一级标准应采取全封禁措施，并配套生态移民、以煤电气代薪柴、沼气池、节柴灶等措施。二级标准应采取以全封禁措施为主，辅以生态移民、以煤电气代薪柴、沼气池、节柴灶等措施。三级标准应采取轮封、半封禁措施，辅以煤电气代薪柴、沼气池、节柴灶等措施。封育年限设计标准见表8-4。

表8-4　　　　　　　　　　封育年限设计标准

封育类型		封育年限/a	
		南方	北方
无林地和疏林地封育	乔木型	6~8	8~10
	乔灌型	5~7	6~8
	灌木型	4~5	5~6
	灌草型	2~4	4~6
	竹林型	4~5	—
有林地和灌木林地封育		3~5	4~7

2. 工程布置

在封育区域应设置警示标志，封育面积100hm²上最少设立1块固定标牌。在牲畜活动频繁地区应设置围栏及界桩。封育区无明显边界或无区分标志物时，可设置界桩以示界线。在牧区封育时应对牲畜进行舍饲圈养。在寒冷地区需配备必要的取暖设施和其他辅助设施。

3. 工程设计

封山（沙）育林作业以封育区为单位，设计文件应包括封育区范围、封育区概况、封育类型、封育方式、封育年限、封育组织和封育责任人、封育作业措施、投资概算、封育效益及相关的附表。

第四节 实 例

以内蒙古中部某牧区县小流域治理工程为例。

一、项目区概况

1. 基本情况

项目区位于内蒙古中部，海拔 1005.3～1159.6m，属于典型的半干旱、中温带、大陆性季风气候区，多年平均降水量为 257.8mm，主要集中在 6—9 月。植被属典型的干旱草原植被，平均盖度在 30% 左右，以中旱生和旱生类植物为主，土壤为栗钙土。项目区内天然乔木林非常少，以榆树为主，且分散分布于沿河滩地和丘间及低山地带。流域内沟壑面积 0.19km²，大于 1km 沟道有 2 条，总长 3426m。

项目区现为无人居住区，国道、省道由南向北方向穿过，交通及电力设施完善，现有荒草地 704.7hm²，交通运输及其他用地 24.3hm²。

2. 水土流失及防治情况

项目区总土地面积 729hm²，水土流失面积 701hm²，小流域土壤侵蚀模数平均为 3000t/km²·a，年水土流失量约为 2.2 万 t，属中度侵蚀区。侵蚀类型为风水复合侵蚀，主要以风蚀为主。

二、设计依据

1. 法律、法规

《中华人民共和国水土保持法》《中华人民共和国水法》《中华人民共和国水土保持法实施条例》《水土保持工程建设管理办法》《国家水土保持重点建设工程管理办法》。

2. 规范与标准

《水土保持综合治理规划通则》（GB/T 15772—2008）、《水土保持综合治理技术规范》（GB/T 16453.2—2008）、《水土保持综合治理效益计算方法》（GB/T 15774—2008）、《水土保持综合治理验收规范》（GB/T 15774—2008）、《土壤侵蚀分类分级标准》（SL 190—2007）、《水利水电工程制图标准水土保持制图》（SL 73.6—2001）等。

三、建设任务与规模

1. 建设任务

根据项目区水土保持规划，确定建设任务主要包括工程措施、林草措施及其他配套措施。工程措施主要包括谷坊工程、节水灌溉工程。林草措施主要包括营造乔、灌木林、改良草地；封育治理措施主要有修建标志牌；其他措施主要有作业路。

2. 建设目标

项目区新增治理面积 688hm²，项目实施后，总治理程度达到 98.1%。一个效益周期内平均年拦截泥沙达 5 万 t，拦蓄径流 8 万 m³。新增林草植被面积 1586hm²。林草植被占宜林宜草面积的 70% 以上，综合治理措施的保存率达 85% 以上，通过发展人工乔林地、改良草地，增加植被覆盖度，使之由现在的 30% 达到项目实施生效后的 65% 以上。

3. 建设规模

项目区规划治理面积为 688hm²，其中：营造水保乔木林 120hm²，草地改良面积 568hm²；修建铅丝笼干砌石谷坊 11 座；打机电井 3 眼，配套节水灌溉工程 3 处（设计方法参见本书灌溉工程部分）；建造标志牌 2 座；修作业路 6km。

四、工程总体布置

根据项目区自然地貌、土地利用方式、流域水土保持与区域经济发展、预防保护与综合治理、资金筹措渠道与可行性等，紧紧围绕建设目标，合理安排措施布局。

1. 工程措施

（1）谷坊工程。经实地查勘，选择在项目区典型沟道中下游修建谷坊以减少水土流失。拦蓄径流泥沙。根据小流域典型沟道侵蚀特征，沟内修筑铅丝笼干砌石谷坊 11 座，谷坊从上游往下游逐级修筑。

（2）水利工程。为提高水保乔木林的成活率及保存率，在水保乔木林附近，选择中浅层水相对丰富地区，利用水资源条件，修建打机电井，并配套低压管道灌溉系统对乔木林进行灌溉。新打机电井 7 眼，配套低压管道灌溉面积 67hm²。

2. 林草措施

（1）水保乔木林。根据项目区土壤结构及当地实际，乔木林营造在小流域内有水源补给的阴坡和半阳坡，坡度小于 5° 的地段内。主要树种为樟子松，共需营造水保乔木林 102hm²，其中灌溉水保乔木林 67hm²，未灌溉水保乔木林 35hm²。

（2）水保灌木林。在坡度小于 20°、植被覆盖度较低、土层厚度在 30cm 左右的荒草坡上及沟岸两侧土层较厚的山坡上营造水保灌木防护林。采用穴状整地方式，种植适应当地自然条件的乡土树种柠条、山杏等，以提高林草覆被率，增强保水保土和抗蚀能力，种植面积 884hm²。

3. 封育治理措施

（1）草地改良。选择立地条件较好、且坡度小于 10° 的荒草地，通过免耕补播等技术措施对其改良，补播牧草品种以适生的高产、营养价值高的乡土草种如沙打旺、披碱草等为主。改良草场面积 600hm²。

（2）标志牌。项目区在指定的生态禁牧保护地之内，属封育草地，故设标志牌 2 座。

4. 其他配套措施

为便于项目施工机械化作业和运输材料、水、肥料、苗木等建设所需物质，同时规范车辆、行人随意碾压草地，结合原镇村便道，在流域修作业路 8km。

五、工程设计

1. 典型谷坊工程

（1）谷坊类型。本设计谷坊主要用于拦截坡面泥沙。在项目区内石料分布广泛、易于开采和运输，故设计为干砌石透水式铅丝笼谷坊。

（2）谷坊数量。为发挥谷坊整体效益，在一条沟道内不修筑单个谷坊，而是根据沟道地形地貌、沟底坡度等情况系统地布设谷坊群。

谷坊座数根据沟道比降、沟头与沟口的高程，由式（8-3）计算：

$$m=\frac{H_2-H_1}{h} \tag{8-3}$$

式中　m——谷坊座数；

　　　H_1——沟口处高程，m；

　　　H_2——沟头处高程，m；

　　　h——谷坊高度，m。

（3）布设间距。根据《水土保持综合治理技术规范》（GB/T 16453.3—2008）公式：

$$L=\frac{H}{i-i'} \tag{8-4}$$

式中　L——谷坊间距，m；

　　　H——谷坊底到溢水口底高度，拟定 $H=1.5m<$沟深；

　　　i——原沟床比降，%，$i=5.5\%$；

　　　i'——谷坊淤满后的比降。根据当地的土质、沟道的淤积物质等，查表得 $i'=2\%$。

经计算，谷坊间距为 L 为 43m。根据项目区实际情况，本设计共拟布设谷坊 11 座。

（4）谷坊断面尺寸设计。本设计谷坊结构为透水式铅丝笼谷坊，谷坊坝高 2m，坝顶宽 2m，底宽 4m，根据《水土保持综合治理技术规范》（GB/T 16453.3—2008）及当地土质和经验确定：迎水坡比 1：0.2，背水坡比 1：0.8。

（5）谷坊拦蓄能力计算。按照《水土保持综合治理技术规范》（GB/T 16453.3—2008）规定，本设计中谷坊工程的防御标准为 20 年一遇 6h 最大暴雨，即 $P=5\%$。设计来水量采用暴雨径流关系法。

1）20 年一遇 24h 最大降雨量的计算。查《内蒙古自治区水文手册》得：多年平均 24 小时降雨量 $\overline{H}_{24}=50.3mm$，最大 24 小时雨量变差系数 $C_v=0.65$，$C_s=3.5C_v$，$K_p=1.92$，则 20 年一遇 24 小时最大降雨量：

$$H_{24}=K_p\overline{H}_{24} \tag{8-5}$$

$$H_{24}=1.92\times50.3=96.6(mm) \tag{8-6}$$

2）20 年一遇 6h 最大暴雨量计算：

$$H_{TP}=KH_{24P}, K=0.71 \tag{8-7}$$

计算结果为 68.6mm。

3）20 年一遇 6h 来水总量计算

每 hm^2 径流量采用公式为

$$W_p=1000H_{6p}F\alpha \tag{8-8}$$

式中　W_p——每 hm^2 径流量，m^3/hm^2；

　　　H_{6p}——10 年一遇 6 小时最大雨量，mm；

　　　F——集水面积，km^2；

α——径流系数，取 0.42。

计算结果为 $W_p = 1000 \times 68.6 \times 0.01 \times 0.42 = 198.9(\text{m}^3/\text{hm}^2)$。

4）洪水总量。结果见表 8-5。

表 8-5　　　　　　　　　　设计洪水总量计算表

沟底比降/%	径流系数	集水面积/hm²	设计洪水总量/m³
5.5	0.60	13.8	2744.82

（6）拦泥量计算。根据谷坊所在位置，确定多年平均侵蚀模数为 3000t/(km²·a)。设计淤积年限为 3 年。

1）悬移质输沙量：

$$W_s = \frac{MF}{\gamma} \tag{8-9}$$

式中　W_s——悬移质输沙量，m³/a；

　　　M——多年平均侵蚀模数，t/(km²·a)；

　　　F——坝控流域面积，$F = 0.018\text{km}^2$；

　　　γ——泥沙容重，取 $\gamma = 1.45\text{t/m}^3$。

2）推移质输沙量：

$$W_b = BW_s \tag{8-10}$$

式中　W_b——推移质输沙量，m³/a；

　　　B——推移质比例，取 $B = 0.1$；

　　　W_s——悬移质输沙量，m³/a。

计算得 $W_s = 46.6$，$W_b = 4.7$，则拦泥总量 $W_0 = 3(W_s + W_b) = 153.9(\text{m}^3)$。

（7）拦蓄库容：

$$V_{拦} = W_p + W_s \tag{8-11}$$

计算结果为 613.8m³。

（8）谷坊设计拦蓄库容：

$$V_{设拦} = BHL/4.5 \tag{8-12}$$

式中　$V_{设拦}$——设计拦蓄库容，m³；

　　　B——沟道宽，m，$B = 20\text{m}$；

　　　H——谷坊高，m，$H = 2\text{m}$；

　　　L——回水长度，m，$L = 70\text{m}$。

计算得 $V_{设拦} = 623.2\text{m}^3$，$V_{设拦} > V_{拦}$，故谷坊设计满足拦蓄要求。

（9）设计洪峰流量。按式（8-13）计算谷坊 20 年一遇 3~6h 最大降雨径流量：

$$Q = 278KIF \times 10^{-6} \tag{8-13}$$

式中　Q——设计流量，m³/s；

　　　I——20 年一遇 3~6h 最大降雨强度，mm/h，为 68.6mm；

　　　K——径流系数，取 0.6；

　　　F——该谷坊以上集水面积，hm²，为 13.8hm²。

经计算得 Q 为 0.2m³/h。

（10）溢洪口尺寸

$$Q = Mbh^{3/2}$$ (8－14)

式中 Q——设计流量，m³/s，为 0.2m³/s；

b——溢洪口底宽，m；

h——溢洪口水深，m，取 0.3m；

M——流量系数，采用 1.55。

经计算得溢洪口底宽为 0.79m，采用 1.0m 宽结构。

（11）设计成果。典型谷坊工程设计成果见表 8－6。

表 8－6 项目区谷坊典型设计成果表

谷坊类别	坝体规格					谷坊工程量 /（m³/kg）		
	坝顶宽 b/m	坝长 L/m	坝高 H/m	迎水坡比	背水坡比	块石	铅丝	反滤料
铅丝笼石谷坊	2	10	2.0	1：0.2	1：0.8	65	60	30

2. 林草工程设计

（1）水土保持林草。根据《水土保持综合治理 技术规范 荒地治理技术》（GB/T 16453.2—2008）及《造林技术规程》（GB/T 15776—2006），按照适地适树的原则，结合当地治理意向，认为项目区内降雨量较小，蒸发量大，土壤条件差，因此不宜造大面积的乔木林。根据当地经验，乔木林建植于阴坡和半阳坡缓坡地带，在阳坡、半阳坡柠条、山杏适应性较好，灌木树种选择为柠条、山杏。

（2）整地设计。从减少对项目区扰动出发，本设计采用穴状（圆形）整地方法。穴状整地分两种规格。缓坡水保乔木林穴状坑尺寸为：直径 0.8m，坑深 0.8m，坑挖好后回填熟土 0.2m。坑行距 3m，坑间距 2m；坡面水保灌木林尺寸为：直径 0.5m，坑深 0.5m，坑挖好后回填熟土 0.1～0.15m。坑行距 1.5m，坑间距 2m。

（3）造林单项设计。

1）水保乔木林设计。根据立地条件，为有效防止水土流失，提高防护效果，水保乔木林以樟子松为主，行距 3m，株距 2m，规格采用 2 年实生容器苗，每公顷造林 1670 株，呈"品"字形分布。造林前一年夏、秋季人工穴状整地，规格为穴径 0.8m，穴深 0.8m，心土表土分置，清除石砾，回填表土 20cm，单穴挖方 0.50m³。第二年春季人工植苗造林，每穴 1 株，栽植时苗木直立穴中，扶正、保持根系舒展，先填表土，后填心土，分层踏实，埋土至地径以上 5cm，修筑灌水坑。

2）水保灌木林设计。造林面积 884hm²。根据立地条件，水保灌木林树种为山杏、柠条，穴状整地，坑内种植，采用带状混交方式（一行山杏一行柠条）。山杏、柠条株、行距各为：行距 3.0m，株距 2.0m，规格采用 2 年实生容器苗，呈"品"字形分布。

3. 封育治理措施

项目区在生态禁牧保护地之内，根据土地适宜评价及当地生态建设需要，对退化沙化比较严重草地，进行天然草场改良和修建标志牌。根据《水土保持综合治理 技术规范 坡耕地治理技术》(GB/T 16453.1—2008)和该地区草地生态建设的实际情况,草种选择当地适生品种披碱草、沙打旺。设计指标见表8-7。

表 8-7　　　　　　　　　　　草地改良设计指标表

立地条件	草种	种植形式	播深/cm	行距/cm	籽种规格	需籽量/(kg/hm²)	措施面积/hm²	总需种量/kg
<10°坡退化、沙化草地	披碱草	混播	1.5~3	15	一级	15	600	9000
	沙打旺	混播	1.5~3	15	一级	15	600	9000
合计							600	18000

标志牌拟采用砖石结构,基础采用浆砌石,碑体为水泥砖墙,用水泥沙浆抹面。基础宽 1.84m,长 4.6m,厚 0.30m;基座高 0.4m,碑高 2.0m,厚 0.25m,再用白色油漆粉刷,上写红色简介文字,标志牌正面书写:项目建设的标题,背面书写项目区简介,包括封育区面积、建设内容、封禁界线、封禁年限及产生效益的利用方式等。

4. 其他措施

为便于施工机械化作业和运输材料、水、肥料、苗木等建设所需物质,同时规范车辆、行人,防止随意碾压草地,需进行作业路设计。参考乡村公路设计要求,确定作业道路为4m宽田间路,配5.0cm厚砂砾垫层,2cm厚粗沙稳定基层。

第九章　灌溉草地效益评价

灌溉草地效益评价是水利工程经济在牧区水利中的应用与扩展，它集水利科学、经济科学、草原畜牧科学、农业科学为一体，其主要内容有投入（费用）和产出（效益）计算、经济和财务分析等，是研究草原灌溉工程建设、管理方式、技术措施的经济效益的综合理论与定量评价方法。

草原进行灌溉改良，其直接效益是提高草场的干物质产量，除直接从事商品性牧草生产外，草场生产力的最终衡量标准是畜产品（包括肉、乳、皮、毛等），即第二性生产能力的高低，这是与农田水利工程经济的最大不同。

灌溉草地效益评价，不仅包括经济效益评价，还包括国民经济评价、生态效益评价和社会效益评价，是对灌溉草地进行的不同角度和范围、不同计算价格、不同目标的评价。它们在项目决策中的作用也有所区别。

第一节　灌溉草地经济效益分析

灌溉草地工程能否获得预期的经济效益，是否可以取得满意的投资效果，这是投资决策的重要依据。所以，全面分析评价灌溉草地工程项目的经济效益，保证投资的科学、正确、合理，避免投资决策的盲目性，研究建立具有统一标准的经济效益评价的技术经济指标，作为方案间对比评价的依据，显然是一项十分必要的工作。

一、一般要求

按照水利部发布的《牧区草地灌溉和排水技术规范》（SL 334—2016）规定，对经济效益计算应符合下列要求。

（1）应根据草地不同灌溉模式，按工程有无对比法，分别计算新增效益。

1）续建配套和节水改造工程的经济效益应为配套改造前后饲草料作物的增量或增值。

2）调整种植结构的经济效益应为种植粮食转变为种植饲草料后的增量或增值。

3）新建饲草料地、天然草地灌溉经济效益应为工程建设前后饲草料增量或增值。

（2）排水效益应按当地发展草地排水前后经济损失的减少量。

（3）灌溉草地效益计算时，饲草料作物及天然牧草产量应以可利用的干物质产量计算，利用率按表9-1确定，干鲜比按表9-2取值。

表 9-1　　　　　　　　　　　天然牧草及饲草料作物利用率

类　　型	利用率	类　　型	利用率
荒漠、草原化荒漠、各类高寒草地	0.40～0.50	草甸、草甸草原、热性、暖性灌草丛	0.60～0.70
荒漠草原、典型草原	0.50～0.60	饲草料地	0.85～1.00

表 9 - 2　　　　　　　　　　　饲草料作物及天然牧草干鲜比表

草　地　类　型		干鲜比
人工草地	牧草	0.35～0.40
	青贮饲料	0.28～0.30
天然草地	荒漠及荒漠草原	＞0.45
	典型草原及高寒草原	0.40～0.45
	草甸草原、热性、暖性灌草丛	0.35～0.40

（4）玉米、大豆等饲料价格应按影子价格计算，其他饲草料的影子价格可按照当地市场价格计算。

（5）饲草料及天然牧草的增量或增值为灌溉与排水工程和农牧业技术措施的总和效益时，应由水利与其他行业合理分摊。分摊值应根据调查资料或灌溉与排水试验资料确定。资料不足时，灌溉和排水效益分摊系数按照表 9 - 3 取值，或采用扣除成本法计算。

表 9 - 3　　　　　　　　　　灌溉（排水）草地效益分摊系数

灌溉饲草料地		灌溉（排水）天然草场	
地区类型	分摊系数	地区类型	分摊系数
半湿润	0.3～0.4	半湿润	0.5～0.6
半干旱	0.4～0.6	半干旱	0.6～0.7
干旱	0.6～0.7	干旱	0.7～0.8

（6）饲草料转化为畜产品及加工后的增值效益，可按照表 9 - 4 来计算，或通过已建工程调查分析确定。

表 9 - 4　　　　　　　　　　　各类畜产品的畜产品单位折算表

畜产品	畜产品单位	畜产品	畜产品单位
1kg 育肥牛增重	1.0	1 头役牛工作一年	160.0
1 个活重 50kg 羊的胴体	22.5（屠宰率 45％）	1 峰役骆驼工作一年	300.0
1 个活重 280kg 牛的胴体	140.0（屠宰率 50％）	1 头役驴工作一年	80.0
1kg 可食内脏	1.0	1 张羔皮（羔羊皮品种）	13.0
1kg 含脂率 4％的标准奶	0.1	1 张裘皮（裘皮羊品种）	15.0
1kg 各类净毛	13.0	1 张牛皮	20.0（或以活重的 7％计）
1 头 3 岁出场役用牛	400.0	1 张羊皮	4.5（或以活重的 9％计）
1 峰 4 岁出场役用骆驼	750.0	1 头淘汰的中上肥度菜羊（活重 50kg）	34.5（或以活重 69％计）

注　1. 草地生产力应为单位面积上一定时期内生产的饲草料通过能流、物流转化为畜产品的数量。转化率应根据畜牧业部门确认的转化率或根据调查数值计算。
　　2. 各种畜产品应按上表折算为畜产品单位，一个畜产品单位即 1kg 中等肥度牛、羊的胴体重。
　　3. 根据畜产品数量、单价计算牧草灌溉经济效益。

经济效益计算目前仍采用有无工程对比法确定饲草料的增产或增值效益。水利效益分摊系数时根据各地试验调查资料并参照有关标准确定的。对于采用饲草料转化为畜产品进行草地灌溉与排水工程效益的计算，因转化率等关键技术参数尚无明确依据，故不作要求，但在有条件的地区，应尽可能地采用这种方法进行草地灌溉和排水经济效益计算。

二、案例分析

下面以《全国牧区水利工程规划》中内蒙古牧区的经济效益计算为例，进一步说明牧区经济效益的计算步骤。

1. 效益计算方法

效益计算按工程"有无对比"的方法，采用类比法计算多年平均效益。新建饲草料地灌溉效益为相对于当地天然草原增加的效益；改良天然草场灌溉效益为灌溉后增加的效益；现有灌溉饲草料地节水改造工程的效益为改造后新增的效益。

2. 单位面积产量、牧草单价

根据科研试验成果和调查资料确定，各省（自治区）饲草单位面积产量和单价见表 9-5。

表 9-5　　　　　　　　　灌溉效益计算产量调查统计表

规划分区	灌溉人工饲草料地		灌溉改良天然草地		原始天然草地	
	产量 /(kg/亩)	单价 /(元/kg)	产量 /(kg/亩)	单价 /(元/kg)	产量 /(kg/亩)	单价 /(元/kg)
内蒙古东部	800	1.20	600	1.00	180	0.80
内蒙古中部	900	1.20	650	1.00	94	0.80
内蒙古西部	900	1.20	650	1.00	40	0.80

3. 灌溉增产效益计算

规划效益评价参照《水利建设项目经济评价规范》（SL 72—2013）进行。内蒙古东部牧区降水量多在 400~500mm 之间，水利分摊系数取 0.5，内蒙古中部和西部牧区降水量多在 300mm 以下，水利分摊系数取 0.6。经计算 2020 年规划灌溉饲草料地项目初步建成，总效益为 33.87 亿元，水利分摊效益为 17.98 亿元。增产效益计算详见表 9-6、表 9-7。

表 9-6　　　　　　　　　新增灌溉人工饲草料地效益分析表

规划分区	2012—2020 年规划新增灌溉人工饲草料地					
	新增灌溉人工饲草料地			原始天然草地		增产效益 /万元
	面积 /万亩	产量 /(kg/亩)	单价 /(元/kg)	产量 /(kg/亩)	单价 /(元/kg)	
内蒙古东部	225.0	800	1.2	180	0.8	183632.64
内蒙古中部	41.3	900	1.2	94	0.8	41478.14
内蒙古西部	3.7	900	1.2	40	0.8	3856.64
合计	270					228967.42

表 9 - 7　　　　　　　　**灌溉人工饲草料地节水改造和增产效益析**

2011—2020 年灌溉人工饲草料地节水改造效益		规 划 分 区			合计
		内蒙古东部	内蒙古中部	内蒙古西部	
改造后灌溉人工饲草料地	面积/万亩	120.8	99.8	23.1	
	产量/(kg/亩)	800	900	900	
	单价/(元/kg)	1.2	1.2	1.2	
改造前灌溉人工饲草料地	产量/(kg/亩)	450	500	500	
	单价/(元/kg)	1.2	1.2	1.2	
增产效益/万元		50736	47904	11088	109728

4. 节水效益计算

节水改造后灌溉用水量将大幅度下降，不同地区灌水量可减少：80（内蒙古东部）～120m³/亩（内蒙古中部）。

节水效益按综合成本水价（工程折旧费＋运行费）计算：地下水 0.4（内蒙古东部）～0.6 元/亩（内蒙中西部）；地表水 4.50（内蒙古东部）～5.20 元/亩（内蒙古中西部）。

2012—2020 规划期内节水改造效益总计为 12.02 亿元。详见表 9-8。

表 9 - 8　　　　　　　　**项目增产效益水利分摊和节水效益计算结果表**

2012—2020 年增产总效益/万元	规 划 分 区			合计
	内蒙古东部	内蒙古中部	内蒙古西部	
增产总效益	234368.64	89382.14	14944.64	338695.42
分摊系数	0.50	0.60	0.60	
合计	117184.32	53629.28	8966.78	179780.38
面积/万亩	120.80	99.80	23.10	
节水量/(m³/亩)	80.00	120.00	120.00	
供水成本/(元/m³)	4.50	5.20	5.20	
节水改造效益/万元	43488.00	62275.20	14414.40	120177.60

5. 灌溉效益合计

经计算，内蒙古牧区新增灌溉饲草料地以及灌溉饲草料地节水改造增产效益为 17.98 亿元，节水效益为 5.2 亿元，总计 23.19 亿元。计算过程见表 9-9。

表 9 - 9　　　　　　　　**规划直接效益汇总表**

2012—2020 年灌溉效益/万元	规 划 分 区			合计
	内蒙古东部	内蒙古中部	内蒙古西部	
增产优质牧草/万 kg	181780	73208	12422	267410
增产效益/万元	117184	53629	8967	179780
节水量/万 m³	2408	6444	1500	10352
节水效益/万元	10836	33509	7800	52145
灌溉效益/万元	128020	87138	16767	231925

第二节　灌溉草地国民经济评价

国民经济评价是站在国家整体的角度，以合理配置国家资源和国民经济协调发展为前提，分析评价项目对国民经济的净贡献，旨在从国民经济角度追求资源的最佳配置。国民经济评价能够客观地估计出投资项目为社会所作的经济贡献和国民经济为其所付出的代价；能够对资源合理分配、资金合理流动进行宏观调控，使社会整体经济效益提高。

为了科学决策牧区草地灌溉与排水工程，合理开发、高效利用牧区水土资源，避免失误，大、中型工程在规划、科研、设计阶段均应按照有关标准要求进行投资概算和经济评价，对于小型工程，评价程序可适当简化。

一、一般规定

根据《牧区草地灌溉和排水技术规范》（SL 334—2016）规范要求，国民经济评价计算应该符合下列规定。

（1）灌溉与排水工程规划阶段国民经济评价应以静态分析为主，设计阶段应以动态法为主，静态法为辅。

（2）灌溉与排水工程在进行国民经济评价时，社会折现率宜采用7%或12%。

（3）静态分析法评价指标可采用投资回收期、效益费用比等指标，按照《水利建设项目经济评价规范》（SL 72—2013）规定计算，当投资回收期不大于12年时为经济可行。

（4）动态分析法应按照 SL 72—2013 规定计算，经济净现值（ENPV）、经济内部收益率（EIRR）、经济效益费用比（EBCR）、投资回收年限（T）等指标宜按照表9-10进行评价，符合该规定，则认为经济可行。

表 9-10　　　　　　　　　　国民经济动态评价指标

指标名称	评价标准	指标名称	评价标准
经济净现值 ENPV	>0	经济收益费用比 EBCR	>1.0
经济内部收益率 EIRR	$>i_s$	投资回收期 T	$\leqslant 12$

二、各评价指标计算方法

1. 经济净现值（ENPV）

经济净现值是反映项目对国民经济所作净贡献的绝对指标，是采用社会折现率将项目各年的净效益流量折现到建设起点年的累计值。当经济净现值大于等于零时，说明项目对国民经济的净贡献达到或超过了社会平均水平，站在国民经济的角度，项目可行。

$$ENPV = \sum_{t=1}^{n}(B-C)_t(1+i_s)^{-t} \tag{9-1}$$

式中　i_s——社会折现率；

$ENPV$——经济净现值，万元；

t——计算期各年序号，$t=1,2,\cdots,20$ 年；

B_t——第 t 年效益，万元；

C_t——第 t 年费用，万元。

2. 经济内部收益率（EIRR）

经济内部收益率是反映项目对国民经济所作净贡献的相对指标，是将各年的净效益流量折现到建设起点年的累计值为零时的折现率。当经济内部收益率大于等于社会折现率时，说明项目对国民经济的净贡献达到或超过了社会平均水平，站在国民经济的角度，项目可行。

$$\sum_{t=1}^{n}(B-C)_t(1+EIRR)^{-t}=0 \tag{9-2}$$

式中　B——效益流入量；

$\quad\quad C$——费用流出量；

$(B-C)_t$——第 t 年净效益流量；

$\quad\quad n$——项目计算期；

$\quad EIRR$——经济内部收益率。

3. 经济收益费用比（EBCR）

经济效益费用比是指项目效益现值与费用现值之比。

$$EBCR=\frac{\displaystyle\sum_{t=1}^{n}B_t(1+i_s)^{-t}}{\displaystyle\sum_{t=1}^{n}C_t(1+i_s)^{-t}} \tag{9-3}$$

式中　$EBCR$——经济效益费用比；

$\quad\quad i_s$——社会折现率，%；

其他符号含义同式（9-1）。

4. 投资回收期（T）

投资回收年限可以用静态法计算，不考虑资金的时间价值，以财务净效益的累计值等于全部投入资金的年数，作为其静态的财务投资回收年限，即

$$T=\frac{K}{B-C} \tag{9-4}$$

式中　T——投资回收期，a；

$\quad\quad K$——总投资；

$\quad\quad B$——效益；

$\quad\quad C$——费用。

进行项目的国民经济评价，可在项目财务评价的基础上进行，也可直接采用影子价格对项目的经济费用和经济效益进行计算，进而进行项目的国民经济评价。

在项目财务评价基础上进行国民经济评价，首先要对财务评价中计为效益或费用的转移支付部分加以识别和剔除，进而采用影子价格对项目财务评价其余部分的费用和效益进行调整计算，并计算项目财务评价中未包括的间接效益和间接费用，最后计算出项目的国民经济评价指标。

三、技术经济指标

根据《牧区草地灌溉和排水技术规范》（SL 334—2016）规范要求，对于具体的工程

项目进行经济评价时应计算以下主要指标。

1. 单位面积产量（Y_{ua}）

$$Y_{ua} = Y_{样品} / A_{样品} \qquad (9-5)$$

式中　Y_{ua}——单位面积产量，kg/亩；

　　　$Y_{样品}$——样品产量，kg；

　　　$A_{样品}$——取样面积，亩。

2. 单位面积产值（V_{ua}）

$$V_{ua} = Y_{ua} \times P_{牧草} \qquad (9-6)$$

式中　V_{ua}——单位面积产值，元；

　　　$P_{牧草}$——牧草单价，元/kg；

　　　其他符号含义同前。

3. 单位面积增产量（ΔY_{ua}）

$$\Delta Y_{ua} = Y_{灌溉ua} - Y_{非灌ua} \qquad (9-7)$$

式中　ΔY_{ua}——单位面积增产量，kg；

　　　$Y_{灌溉ua}$——灌溉区单位面积产量，kg；

　　　$Y_{非灌ua}$——非灌区单位面积产量，kg。

4. 单位面积增产值（ΔV_{ua}）

$$\Delta V_{ua} = \Delta Y_{ua} \times P_{牧草} \qquad (9-8)$$

式中　ΔV_{ua}——单位面积增产值，元；

　　　其他符号含义同前。

5. 相对增产率（RST）

$$RST = \Delta Y_{ua} / Y_{ua} \qquad (9-9)$$

式中　RST——相对增产率，%；

　　　其他符号含义同前。

6. 灌溉水生产率（IWP）

$$IWP = \Delta Y_{ua} / IWU_{ua} \qquad (9-10)$$

式中　IWP——灌溉水生产率，kg/m³；

　　　IWU_{ua}——单位面积用水量，m³；

　　　其他符号含义同前。

7. 单位产量用水量（IWU_{uy}）

$$IWU_{uy} = IWU_{ua} / Y_{ua} \qquad (9-11)$$

式中　IWU_{uy}——单位产量用水量，m³/kg；

　　　其他符号含义同前。

8. 单位流量灌溉面积（IA_{ud}）

$$IA_{ud} = IA / D \qquad (9-12)$$

式中　IA_{ud}——单位流量灌溉面积，亩/(m³·h)；

　　　IA——灌溉面积，亩；

D——实用流量，$m^3 \cdot h$；

其他符号含义同前。

四、案例分析

某项目区新增节水灌溉饲草料地面积 4169 亩，主要种植披碱草、紫花苜蓿。据估算，节水灌溉项目实施后，亩产干草 700kg，年产干草 291.83 万 kg，年增干草产量 208.45 万 kg。产出物价格按当地 2010 年价格计，人工牧草 1.4 元/kg。效益按工程"效益分摊法"计算，水利分摊效益按 0.6 计，项目区建成后节水增产效益 291.83 万元，水利分摊效益 175.10 万元。

根据《水利建设项目国民经济评价规范》（SL 72—2013），采用动态法对项目区进行经济净现值、经济内部收益率、经济效益费用比等评价指标进行评价（表 9-11、表 9-12）。

表 9-11　　　　　　　　　　　　国民经济评价现金流量表

折现率	8%	项目当年投资，当年见效。固定资产投资发生在年初，效益发生在年终，基准年为运行期第一年年初								
序号	项目	建设、运行期	运 行 期							
		1	2	3	4	5	6	7	8	9	10
1	效益流量 B	175.10	175.10	175.10	175.10	175.10	175.10	175.10	175.10	175.10	175.10
1.1	水利灌溉效益	175.10	175.10	175.10	175.10	175.10	175.10	175.10	175.10	175.10	175.10
1.2	回收流动资金										
2	费用流量 C	554.8	54.61	54.61	54.61	54.61	54.61	54.61	54.61	54.61	54.61
2.1	总投资	500.03									
2.2	流动资金										
2.3	年运行费	54.61	54.61	54.61	54.61	54.61	54.61	54.61	54.61	54.61	54.61
3	净现值	351.57	103.29	95.64	88.56	82.00	75.92	70.30	65.09	60.27	55.81
4	累计净现金流量	351.57	248.28	152.64	64.08	17.91	93.83	164.13	229.23	289.50	345.30

表 9-12　　　　　　　　　　　　国民经济评价现金流量表

折现率	8%	项目当年投资，当年见效。固定资产投资发生在年初，效益发生在年终，基准年为运行期第一年年初								
序号	项目	运 行 期								
		11	12	13	14	15	16	17	18	19	20
1	效益流量 B	175.10	175.10	175.10	175.10	175.10	175.10	175.10	175.10	175.10	175.10
1.1	水利灌溉效益	175.10	175.10	175.10	175.10	175.10	175.10	175.10	175.10	175.10	175.10
1.2	回收流动资金										
2	费用流量 C	54.61	54.61	54.61	54.61	54.61	54.61	54.61	54.61	54.61	54.61
2.1	总投资										

折现率	8%	项目当年投资，当年见效。固定资产投资发生在年初，效益发生在年终，基准年为运行期第一年年初									
序号	项目	年　份									
		运　行　期									
		11	12	13	14	15	16	17	18	19	20
2.2	流动资金										
2.3	年运行费	54.61	54.61	54.61	54.61	54.61	54.61	54.61	54.61	54.61	54.61
3	净现值	47.84	44.30	41.02	37.98	35.17	32.56	30.15	27.92	25.85	47.84
4	累计净现金流量	444.82	489.12	530.14	568.12	603.28	635.85	666.00	693.91	719.76	444.82

评价指标

经济内部收益率 $EIRR=31.5\%$；经济效益费用比 $EBCR=1.56$；经济净现值 $ENPV=719.76$ 万元；投资回收期 $P_t=4.2$ 年。

由计算结果可知，经济内部收益率 $EIRR=31.5\%>8\%$，经济效益费用比 $EBCR=1.56>1$，投资回收年限 $P_t=4.2$ 年 <12 年，经济净现值 $ENPV=719.76$ 万元，各项指标均符合规范要求，经济效益较好，节水灌溉工程切实可行。

第三节　灌溉草地生态效益评价

由于草地灌溉与排水项目主要以生态效益为主，社会公益性很强，可以采用社会折现率 12% 进行国民经济评价。也可按 7% 计算评价。在具体工程计算生态效益主要包括保护和改善天然草地面积、增加饲草料产量效益和项目实施后提高天然草地植被覆盖率。

一、保护和改善天然草地面积、增加饲草料产量效益计算

根据实验和生产经验，灌溉饲草料地单位面积产草量相当于 $20\sim50$ 倍天然草场生产能力；发展 $1hm^2$ 灌溉饲草料地相当于 $40\sim100hm^2$ 天然草地休牧（或轮牧） $120\sim180d$。

灌溉饲草料地生产能力相当于各种草地生产能力见表 9-13。

表 9-13　　　　　单位面积灌溉饲草料地与各类草地生产能力折算　　　　　单位：hm^2

草地类型	灌、草丛	草甸草原	典型草原	荒漠草原	草原化荒漠	荒漠
折算面积	$10\sim15$	$15\sim25$	$25\sim40$	$40\sim55$	$55\sim75$	$75\sim100$

应按照牲畜补饲数量和时间，计算可能实现围封禁牧、修复天然草地、提高草地等级的面积和增加的饲草产量，并评价增加抗御自然灾害的能力。

二、项目实施后提高天然草地植被覆盖率计算

灌溉与排水工程实施后，草地植被覆盖度提高率，可按式（9-13）来计算：

$$\theta = \frac{\sum_{i=1}^{n} F_{ki}\xi_{ki} - \sum_{i=1}^{m} F_{qi}\xi_{qi}}{\sum_{i=1}^{n} F_{qi}\xi_{qi}} \times 100\% \quad (i=1,2,\cdots,n)(j=1,2,\cdots,m) \quad (9-13)$$

式中　θ——草地植被盖度提高率，％；

　　F_{ki}——工程实施后采用围封、禁牧、轮牧措施修复天然草地面积，hm^2；

　　ξ_{ki}——工程实施后，修复天然草地植被盖度，％；

　　F_{qi}——工程实施前，未采用围封、禁牧、轮牧措施修复天然草地面积，hm^2；

　　ξ_{qi}——工程实施前，未修复天然草地植被盖度，％；

　　i——围封、禁牧、轮牧措施修复天然草地形式类别；

　　j——草地类型。

除此之外，还应对项目实施后减少的草地土壤侵蚀量、水土流失量和减少沙尘暴恶劣气候发生频率，以及对地表径流、地下水和湿地生态等影响进行定量分析评价。

目前对于生态效益的评价体系和指标还在进一步完善当中，尽可能改变过去定性描述生态评价方案，做到定量分析评价。

三、案例分析

某县以牧业为主，全县总土地面积 71.5 万 hm^2，其中草地面积占总土地面积的 54.6％。据调查，目前该县草原普遍退化，退化面积达 34.73 万 hm^2，占草原总面积的 83.9％，已经严重制约着畜牧业经济的发展。因此，先后实施了牧区饲草料基地节水灌溉示范工程，节水灌溉面积达到 12000 多亩。该项工程的实施有助于提高草地植被覆盖率、维护生物多样性、防止生态环境的进一步恶化、降低各种自然灾害（大风、浮尘、干旱等）发生的频率。试对节水灌溉工程生态效益进行综合分析。

按照下列步骤来进行分析。

（1）选择不同类型的草场，调查牧草地上生物量、株高、密度、盖度以及地形地貌、土壤类型等环境条件。

（2）根据生态效益的分析，遵循突出主要指标原则、综合性原则、科学性原则、可行性原则、可操作性原则，综合分析数据可获得性的基础上，选择与生态效益有直接影响关系的生物效益、土壤效益和小气候效益作为准则层，选择与目标层关系密切的 10 项指标作为指标层（表 9-14）。在生物效益中，植被指标比较稳定可靠而且容易测定，而动物指标稳定性较差，受影响的因素较多，且难以测定。在土壤效益中，选择了土壤有机质、土壤盐分、土壤水分和土壤容重等指标；对于小气候效益，采用温度、湿度和风速等 3 项因子来反映生态效益的小气候效益比较具有代表性。

（3）采用美国学者 T. L. Saaty 提出的层次分析法（Analytic Hierarchy Process，简称AHP 法）来确定权重，排序结果见表 9-15。

（4）由于评价指标体系的量纲、功能各不相同，并且指标间数量差异较大，使得不同指标间在量上不能直接进行比较，所以对各指标进行无量纲化处理，然后运用层次分析法来进行综合分析。

表 9-16 给出人工节水灌溉草场、人工无灌溉草场和天然草场的各项评价指标的原始数据以及无量纲化处理后的指标值和不同类型草场的综合生态效益指数。

从上面表中可以看出，人工节水灌溉草场的综合生态效益指数最大，其综合生态效益排序为：人工节水灌溉草场＞人工无灌溉草场＞天然草场，并且人工节水灌溉草场的生物

表 9-14   某牧区节水灌溉示范工程生态效益评价指标体系

目 标 层	准 则 层	指 标 层
牧区节水灌溉示范工程生态效益评价	生物效益（B_1）	植被覆盖度/%
		超载率 C_2
		牧草产量/(g/m²)
	土壤效益（B_2）	土壤有机质含量/%
		土壤容重/(g/cm³)
		土壤水分/%
		土壤盐分含量/%
	小气候效益（B_3）	气温/℃
		空气湿度/%
		风速/(m/s)

表 9-15   各项指标总权重的排序结果

序号	评 价 指 标	W_i（权重）
1	空气湿度/%	0.2341
2	植被覆盖度/%	0.1935
3	牧草产量/(g/m²)	0.1606
4	气温/℃	0.1474
5	风速/(m/s)	0.0619
6	土壤水分/%	0.0570
7	土壤盐分含量/%	0.0479
8	土壤有机质含量/%	0.0403
9	超载率/%	0.0333
10	土壤容重/(g/cm³)	0.0240

表 9-16 不同类型的草场各项指标原始数据、无量纲化处理值和综合生态效益指数

指标	权重	人工节水灌溉草场			人工无灌溉草场			天然草场		
		原始数据	无量纲化处理值	综合生态效益指数	原始数据	无量纲化处理值	综合生态效益指数	原始数据	无量纲化处理值	综合生态效益指数
植被覆盖度	0.1935	89.00	1.00	0.1019	67.00	0.75	0.08	56.00	0.63	0.06
超载率	0.0333	0.00	0.00	0.0000	0.00	0.00	0.00	30.00	0.01	0.00
牧草产量	0.1606	2.51	0.03	0.0045	1.12	0.01	0.01	0.86	0.01	0.00
土壤有机质	0.0403	3.58	0.04	0.0009	3.07	0.03	0.01	2.79	0.03	0.01
土壤容重	0.0240	1.17	0.02	0.0002	1.18	0.01	0.01	1.24	0.01	0.000
土壤水分	0.0570	29.31	0.33	0.0099	12.84	0.14	0.01	11.11	0.13	0.01
土壤盐分	0.0479	0.08	0.00	0.0000	0.09	0.00	0.00	0.09	0.00	0.00

指标	权重	人工节水灌溉草场			人工无灌溉草场			天然草场		
		原始数据	无量纲化处理值	综合生态效益指数	原始数据	无量纲化处理值	综合生态效益指数	原始数据	无量纲化处理值	综合生态效益指数
气温	0.1474	9.94	0.11	0.0087	9.94	0.11	0.01	9.94	0.11	0.01
湿度	0.2341	53.33	0.60	0.0739	38.06	0.43	0.05	37.05	0.42	0.05
风速	0.0619	1.46	0.02	0.0005	1.50	0.02	0.01	1.52	0.02	0.01
生态效益指数		0.38			0.2753			0.2471		

效益、土壤效益和小气候效益三者均最大，天然草场的最小；生物效益、土壤效益和小气候效益对综合生态效益的贡献率不同，3 种草场的效益类型排序均为：生物效益＞小气候效益＞土壤效益。这说明节水灌溉示范工程在提高植被覆盖度、降低超载率、维护生物多样性、调节气候等方面将有明显的生态效益。通过牧区节水灌溉示范工程的实施，缓解了草畜矛盾，改善了草原生态环境，促进了草地畜牧业可持续发展。

牧区节水灌溉示范工程生态效益评价是一项技术性和经验性很强的工作，目前国内对其研究较少，研究理论和方法都不完善，国内外学者在参考森林、农业节水生态效益评价理论的基础上对建立牧区节水灌溉示范工程生态效益评价的指标体系进行了探讨，尚存在许多不完善的地方，需进一步研究补充。

第四节　灌溉草地社会效益评价

灌溉草地社会效益主要有加快项目区牧民脱贫致富、促进地方经济社会发展、加强民族团结和边疆稳定等方面。

按照水利部发布的《牧区草地灌溉与排水技术规范》（SL 334—2016）条文说明，对灌溉草地进行社会效益评价时，根据生态建设和社会发展需求，改变过去定性描述生态和社会效益的评价方案，尽量对社会效益进行定量评价，对于无法定量计算的效益可定性阐明。

对于我国北方一草地灌溉项目的社会效益评价时，评价结果如下。

我国目前的经济社会发展面临两大重要制约因素，其一为水资源严重短缺，特别是北方地区；其二为生态环境恶化，国土资源沙化退化严重，特别是大面积的草原超载退化。解决这些问题的根本途径就是在合理开发水资源的基础上，尽可能多地扩大灌溉面积。本项目实施后，对建设养畜能力大幅度提高，为项目区的可持续发展奠定了物质基础。

项目的实施，可以增加牧草的产量，提高牧草质量，可增产干草××万 kg，相当于××万亩天然草场的产草量，即可使××万亩天然草场得以休养生息。也就是说，项目实施后可使××羊单位实现舍饲圈养。将有××户牧民×××人直接受益，可有效地改变牧民靠天养畜的传统畜牧业生产方式，增强畜牧业抗灾能力，改善牧民的饮水卫生状况和健康水平，促进牧区社会经济的发展，增加牧民收入。

项目建成后，为项目区畜牧业走舍饲、半舍饲化奠定了基础，提高了牲畜的出栏率，缩短了饲养周期，增加牧民的收入，稳定了社会和地区的安定、繁荣、发展起到了重要的作用，其社会效益显著。

通过草原节水灌溉及防护林网的配套建设，不仅为畜牧业的发展提供了必备的物质条件，而且也有利于草原生态恢复和再生，减轻了该地区自然灾害对草原造成的侵蚀作用，缓解畜草矛盾，为改善生态环境起到了良好的作用。

项目实施后，灌溉定额明显减少，对涵养水源和扩大灌溉面积都创造了条件，保证了原有植被的恢复，促进项目区生态环境向良性发展，从根本上改变粗放经营的管理方式。

项目建成后可缓解当地草场放牧压力，不仅为畜牧业发展提供物质条件，而且有利于草原生态的再生恢复与良性循环，生态效益明显。

项目区实行田、路、林配套，不仅能够固土、防风，也有利于增加土壤湿度，减少水分蒸发，从而改善农业生产环境；有利于抵御自然灾害，降低白灾造成的损失，促进畜牧业持续稳定发展，为畜牧业的产业化、集约化、现代化发展奠定基础。另外有利于净化空气、减少污染、保护禽鸟的繁殖和有益于人类的身心健康。同时，项目的实施减少了该地区因风沙造成的草场土壤侵蚀，为扭转该地区草场沙化退化提供可行之路，对建设良好的草原生态环境有着重要的意义。

参 考 文 献

［1］ 张天琪，晨进之，白湖，等．全国牧区水利规划［M］．北京：水利部农村水利司，1994.

［2］ 卢欣石，刘起，李守德，等．中国草情［M］．北京：开明出版社，2002.

［3］ 黄永基，李砚阁，王焕榜．水资源评价导则（SL/T 238）［S］．北京：中国水利水电出版社，1999.

［4］ 刘予伟，史春华，金栋梁．山丘区地下水资源评价方法综述［J］．人民长江 2004.35（9）：33 - 38.

［5］ 王金生，王长申，滕彦国．地下水可持续开采量评价方法综述［J］．水利学报，2006.37（5）：525 - 533.

［6］ 中华人民共和国水利部．牧区草地灌溉与排水技术规范（SL 334—2016）［M］．北京：中国水利水电出版社，2006.

［7］ 汪志农．灌溉排水工程学［M］．2 版．北京：中国农业出版社，2010.

［8］ 何京丽，张瑞强．草地生态建设水利实用技术［M］．呼和浩特：远方出版社，2007.

［9］ 郭克贞．草原节水灌溉理论与实践［M］．呼和浩特：内蒙古人民出版社，2003.

［10］ 水利部牧区水利科学研究所．草原灌溉［M］．北京：中国水利水电出版社，1995.

［11］ 郭克贞．草地 SPAC 水分运移消耗与高效利用技术［M］．北京：中国水利水电出版社，2008.

［12］ 史海滨，田军仓，刘庆华．灌溉排水工程学［M］．北京：中国水利水电出版社，2006.

［13］ 郭克贞，陈英秀．天然草场耗水量与牧区干旱分区研究［J］．灌溉排水，1996（4），21 - 27.

［14］ 郭克贞，何京丽．牧草抗旱机理与节水灌溉技术研究［J］．灌溉排水，1995（3），20 - 23.

［15］ 杜刚强，曲志强，黄泽在．干旱区农田牧草水分平衡规律及更新周期的研究［J］．草业科学，1994（3），25 - 28.

［16］ 佟长福，郭克贞，史海滨，等．毛乌素沙地饲草料作物土壤水动态及需水规律的研究［J］．中国农村水利水电，2007（1），28 - 31.

［17］ 于婵，朝伦巴根，高瑞忠，等．人工草地青贮玉米高效灌溉制度研究［J］．玉米科学，2006（5），118 - 122，133.

［18］ 郭克贞，李和平，史海滨，等．毛乌素沙地饲草料作物耗水量与节水灌溉制度优化研究［J］．灌溉排水学报，2005（1），24 - 27.

［19］ 张玉峰，孙立柱，额日巴拉，等．人工牧草灌溉试验［J］．内蒙古农牧学院学报，1993（8），47 - 54.

［20］ 冯垛生．太阳能发电原理与应用［M］．北京：人民邮电出版社，2007.

［21］ 查咏，吴永忠，刘慧敏．光伏提水灌溉的技术和经济性初步分析［J］．灌溉排水学报，2007，26［4（B）］：146 - 147.

［22］ 谢建，马勇刚．太阳能光伏发电工程实用技术［M］．北京：化学工业出版社，2010.

［23］ （德）Stefan Krauter．太阳能发电—光伏电源系统［M］．王宾，董新州，译．北京：机械工业出版社，2009.

［24］ 吕芳，江燕兴，刘莉敏，等．太阳能发电［M］．北京：化学工业出版社，2009.

［25］ 张志英，赵萍，李银凤，等．风能与风力发电技术［M］．2 版．北京：化学工业出版社，2010.

［26］ 查咏，李红，刘伟．风力提水灌溉人工草场的技术和经济可行性初步分析［J］．内蒙古水利，2006，（2）：19 - 20.

［27］ 戴雪迟．自压喷灌规划设计中几个问题的探讨［J］．节水灌溉，2006，（4）：51 - 55.

［28］ 路建军，方文熙．自压微灌、喷灌工程技术研究［J］．福建农机，2008，（3）：42 - 44.

［29］ 石河子总场"自压软管输水微灌试验"项目组（832000）．自压软管输水微灌试验报告［J］．石河

子科技，2001，（5）：14-16.

[30] 戴荣富. 河水自压滴灌平流式沉沙池工程设计要点 [J]. 水利规划与设计，2013，（9）：65-67.

[31] 陈维杰. 集雨节灌技术 [M]. 郑州：黄河水利出版社，2003.

[32] 段喜明. 农业水利工程技术 [M]. 北京：中国社会出版社，2006.

[33] 郭新生. 风能利用技术 [M]. 北京：化学工业出版社，2007.

[34] 邓长生. 太阳能原理与应用 [M]. 北京：化学工业出版社，2010.

[35] 冯垛生，张淼，赵慧，等. 太阳能发电技术与应用 [M]. 北京：人民邮电出版社，2009.

[36] 谢建，李永泉. 太阳能热利用工程技术 [M]. 北京：化学工业出版社，2011.

[37] 卡谢柯夫（苏）. 畜牧场与放牧场的供水机械化 [M]. 金树德，董其煌，译. 北京：中国农业机械出版社，1989.

[38] 北京农业大学. 牧场设计学 [M]. 北京：农业出版社，1961.

[39] 周金龙. 新疆地下水研究 [M]. 郑州：黄河水利出版社，2010.

[40] 赵云焕，刘卫东. 草地与牧场管理学 [M]. 郑州：河南科学技术出版社，2007.

[41] 赵云焕. 畜禽环境卫生与牧场设计 [M]. 郑州：河南科学技术出版社，2007.

[42] 孙士权. 村镇供水工程 [M]. 郑州：黄河水利出版社，2008.

[43] 李建民. 乡镇供水工程 [M]. 长沙：国防科技大学出版社，1995.

[44] 魏清顺. 农村供水工程 [M]. 北京：中国水利水电出版社，2011.

[45] 中华人民共和国水利部. 村镇供水工程技术规范（SL 310—2017）[M]. 北京：中国水利水电出版社，2017.

[46] 中华人民共和国水利部. 村镇供水工程设计规范（SL 687—2014）[M]. 北京：中国水利水电出版社，2014.

[47] 刘玲花，周怀东，等. 农村安全供水技术手册 [M]. 北京：化学工业出版社，2005.

[48] 中华人民共和国水利部. 村镇供水工程技术规范 [M]. 北京：中国水利水电出版社. 2004.

[49] 鹿文贤，朱淑明. 牧场供水工程经济距离的确定 [J]. 水利经济，1994 (2)：28-32.

[50] 鹿文贤，朱淑明. 牧区水利科研的几点建议 [J]. 农田水利与小水电，1992 (8)：4-5.

[51] 鹿文贤. 内蒙古牧区水利发展方向与途径 [J]. 农田水利与小水电，1989 (11)：9-12.

[52] 孙利. 牧场供水规划中的几个问题 [J]. 农田水利与小水电，1982 (6)：24-28.

[53] 朱新权. 新疆现代畜牧业发展进程中有关问题的思考 [J]. 新疆畜牧业，2004 (3)：4-6.

[54] 刘承吉. 内蒙古牧区水利现代化方向与途径的探讨 [J]. 内蒙古水利科技，1981 (2)：18-26.

[55] 苏佩凤，李和平，赵淑银. 牧区安全供水适宜发展模式的探讨 [J]. 中国农村水利水电，2008 (3)：55-57.

[56] 郭克贞，苏佩凤，张恩. 牧区供水技术现状及发展趋势 [J]. 中国农村水利水电，2001 (8)：28-29.

[57] 白巴特尔，巫美荣，李和平. 牧区安全供水问题及解决办法探讨 [J]. 中国农村水利水电，2009 (2)：63-65.

[58] 王平霞，吕志远，李和平，等. 牧区安全饮水工程建设与管理模式研究 [J]. 中国农村水利水电，2009 (4)：81-83.

[59] 潘智刚，李凤云，张文丽，等. 牧区人畜饮水安全及困难问题快速解决优化方案 [J]. 中国农村水利水电，2010 (2)：43-45.

[60] 郭素珍，金曙光. 饮水半径与羊生产性能关系的试验研究 [J]. 水利科技与经济，1998 (3)：177-178.

[61] 杨燕山，李和平，刘文兵. 太阳能在牧区饮水安全中的应用——太阳能供水技术集成模式 [J]. 中国农村水利水电，2010 (1)：22-23，27.

[62] 杰恩斯·马坦，何建村，多里肯·尼合买提，等. 新疆牧区与牧区水利建设 [J]. 水利经济，2007 (6)：46-50.

[63] 李和平，史海滨，郭元裕，等. 牧区水草资源持续利用与生态系统阈值研究 [J]. 水利学报，2005 (6)：694 - 700.

[64] 李和平，包小庆，史海滨，等. 我国牧区水利发展模式与对策研究 [J]. 灌溉排水学报，2005 (4)：41 - 45.

[65] 徐君韬. 加拿大社区牧场模式对内蒙古草原牧区建设的启示 [J]. 北方经济，2011 (20)：85 - 86.

[66] 王礼先. 水土保持工程学 [M]. 北京：中国林业出版社，1989.

[67] 王礼先. 水土保持学 [M]. 北京：中国林业出版社，1995.

[68] 唐克丽. 中国水土保持 [M]. 北京：科学出版社，2004.

[69] 王礼先，孙保平，余新晓，等. 中国水利百科全书（水土保持分册）[M]. 北京：中国水利水电出版社，2004.

[70] 崔崴，崔秀萍. 论退化草地与水土保持生态修复 [J]. 水土保持研究，2005，12 (1)：101 - 104.

[71] 杨光，丁国栋，屈志强. 中国水土保持发展综述 [J]. 北京林业大学学报，2006，9：72 - 77.

[72] 崔崴，何京丽，荣浩，等. 论牧区水土保持生态修复技术与模式 [J]. 草业科学，2009，26 (1)：40 - 44.